# Petite Philosophie des mathématiques vagabondes

Groupe Eyrolles
61, bd Saint-Germain
75240 Paris Cedex 05

www.editions-eyrolles.com

Pour contacter les auteurs :
de.brabandere.luc@bcg.com
christophe.ribesse@skynet.be

Illustration page 20 :
Patrick Regout
www.cartoonbase.com


ISBN : 978-2-212-55240-9

Luc de Brabandere
Christophe Ribesse

# Petite Philosophie des mathématiques vagabondes

EYROLLES

**Autres livres de Luc de Brabandere, avec la collaboration d'Anne Mikolajczak et Stanislas Deprez :**

*Les Infoducs*, Duculot, 1985.

*Le Latéroscope*, La Renaissance du livre, 1990.

*Calculus*, Mardaga, 1994.

*La Valeur des idées*, Dunod, 2007.

*Le Plaisir des idées*, Dunod, 2010.

*Pensée magique, pensée logique*, Le Pommier, 2008.

*Balade dans le jardin des grands philosophes*, Éditions Mols, 2009.

*Petite Philosophie des histoires drôles*, Eyrolles, 2009, 2e édition.

*Petite Philosophie des grandes trouvailles*, Eyrolles, 2009.

*Petite Philosophie de nos erreurs quotidiennes*, Eyrolles, 2012, 2e édition.

*Eh ! Dieu, si j'eusse estudié*
*Au temps de ma jeunesse folle*
*Et à bonne mœurs dédié*
*J'eusse maison et couche molle*

*Mais quoi ? Je fuyais l'escole*
*Comme fait le mauvais enfant*
*En escrivant cette parole*
*A peu que le cœur ne me fend*

François Villon

# SOMMAIRE

Avant-propos .................... 9
CQFD .................... 21
1. Nombre d'or .................... 35
2. Pi .................... 39
3. Nombre imaginaire .................... 43
4. Infini .................... 47
5. Preuve .................... 51
6. Polyèdrc .................... 59
7. Tangente .................... 63
8. Projection .................... 67
9. Binôme .................... 71
10. Progression géométrique .................... 75

11. Trochoïde .......... 81
12. Aléatoire .......... 85
13. Topologie .......... 87
14. Information .......... 91
15. Dilemme .......... 95
16. Binaire .......... 99
17. Fractal .......... 105
18. Attracteur .......... 109
19. Chaos .......... 113
20. Arrondi .......... 117
21. Tiers exclu .......... 121
22. Induction .......... 125
23. Point de vue .......... 129
24. Analogie .......... 135
25. Conjecture .......... 139
CQFM .......... 143
Bibliographie .......... 147

# AVANT-PROPOS

Des « mathématiques vagabondes » ? Aurais-je succombé moi aussi à la mode des oxymorons, au plaisir espiègle de faire cohabiter des mots logiquement incompatibles ? Parlera-t-on ici également d'équation dilettante et de démonstration approximative ? La réponse est oui. Mais ma motivation n'est ni le jeu du langage, ni la provocation facile, et encore moins la volonté de dénigrer la discipline dans laquelle j'ai grandi, bien au contraire. La philosophie s'accommode fort bien de l'oxymoron. N'est-elle pas souvent définie comme une « pratique théorique » ? Pour Auguste Comte, un philosophe se doit même d'être un « spécialiste des généralités »...

Il faut parler autrement des mathématiques car les machines changent les données du problème. Dans son numéro de décembre 2010, l'excellent magazine *Sciences Humaines* a interviewé le mathématicien Cédric Villani qui a obtenu la médaille Fields, considérée comme l'équivalent du prix Nobel dans sa discipline : « Une formule représente une sorte de bataille, dit-il, à laquelle se livrent les éléments de l'équation [...]. Il ne faut pas y penser en termes de chiffres, mais de concepts qui peuvent liguer leurs forces ou perdre de leur puissance. » Et il ajoute : « On croit souvent que la clé des mathématiques réside dans la démonstration. En fait, celle-ci survient comme une étape ultérieure après l'intuition initiale qui consiste à voir un chemin nouveau. » Cédric Villani nous suggère de prendre du recul, il nous encourage à essayer des approches originales. C'est ce que j'ai voulu faire ici.

Les mathématiques ne sont pas mon métier. Je ne suis ni chercheur, ni enseignant, ni actuaire, ni concepteur de logiciel. Non, j'anime des séminaires de réflexion stratégique pour des responsables d'entreprise et j'enseigne la philosophie à la Louvain School of Management.

Les mathématiques ne sont pas mon métier mais j'aime les mathématiques. Depuis toujours, j'ai aimé jouer avec les nombres et les figures géométriques, et grâce à une génération entière de bons professeurs, petit à petit, le goût m'est venu de chercher ce qui se cachait derrière les équations et les théorèmes. Pour le plaisir.

Mais de toute évidence, ce plaisir n'était pas partagé par tout le monde. Si une partie d'entre nous s'amusait vraiment à trouver le point d'inflexion d'une fonction du troisième degré, pour d'autres par contre, rien n'était plus ennuyeux qu'un cosinus ou une décomposition en facteurs. Mais pourquoi donc ne pouvaient-ils pas eux aussi s'amuser avec les mathématiques ?

Une deuxième série de questions plus fondamentales restait également sans réponse : à quoi servent finalement toutes ces belles constructions de l'esprit ? Quel est le sens caché derrière ces milliers de chiffres et de symboles ? Quelle est la vraie nature d'un théorème ?

Une spécialisation en mathématiques appliquées lors de mes études d'ingénieur civil à l'Université Catholique de Louvain m'a apporté un début de réponse en présentant la richesse potentielle de la modélisation des systèmes.

Vingt années de pratique de l'informatique m'ont ensuite laissé entrevoir à quel point les mathématiques devenaient différentes de ce qu'elles avaient été. Un jour, il ne sera même plus vraiment nécessaire de savoir calculer. Que seront alors les mathématiques ?

L'étude de la philosophie m'a dans un troisième temps convaincu que le futur serait aux mains de ceux qui allieront la puissance des machines disponibles à l'imagination de tous ceux qui n'en ont jamais eu. Une réflexion s'impose car il n'y a pas de progrès évident. Les enfants ont aujourd'hui une calculatrice en poche (qui leur sert d'ailleurs surtout de téléphone), mais bien souvent, ils ne savent plus calculer le reste d'une division ! Une machine en plus, une information en moins.

Toutes ces questions, du plaisir, du sens et de l'enseignement des mathématiques, doivent être posées avec d'autant plus d'insistance que chaque jour, les ordinateurs et Internet sont un peu plus envahissants.

L'histoire des mathématiques fait partie d'un patrimoine culturel collectif et à ce titre mérite déjà toute notre attention. Mais en plus, elle contient un double message d'efficacité pédagogique et de créativité incessante, une double leçon plus que jamais d'actualité. Pour reprendre quelques mots de son propre vocabulaire, l'histoire des mathématiques contient des « invariants », des « constantes », des « paraboles » à méditer, quelle que soit la vitesse à laquelle le monde donne l'impression de « dériver ».

J'ai donc voulu écrire un petit livre impertinent, bien dans la ligne des trois premiers de cette collection publiée chez Eyrolles.

Pour ceux qui n'ont pas eu la chance de découvrir la richesse des mathématiques, pour ceux qui n'ont plus le temps d'en retrouver les saveurs, pour ceux qui ont toujours cru qu'elles étaient un privilège réservé aux autres, et aussi pour ceux qui ont la responsabilité d'en assurer l'enseignement. Mon souhait est qu'ils sentent un petit déclic, qu'ils trouvent ici l'une ou l'autre idée, de quoi combler un petit peu le fossé artificiel qui sépare aujourd'hui ceux qui aiment les mathématiques de ceux qui ne savent pas qu'ils les aiment.

Ce livre n'est pas un livre de mathématiques. Ce n'est pas non plus un livre de jeux, ni un livre de science, ni un livre d'exercices. C'est avant tout un livre de concepts que j'ai voulu rendre plus clairs. Les sujets choisis ont été picorés dans un ensemble infini de possibilités. Pas vraiment au hasard, certes. J'ai essayé d'éviter les redondances et de donner un aperçu le plus large possible de la beauté des mathématiques, tout en réveillant ce que je sais être, chez beaucoup, de vagues et même parfois de bons souvenirs.

Les thèmes retenus ne sont pas vraiment traités. Ils sont simplement esquissés, incomplets. Ils utilisent parfois des formules non démontrées et supposent la bonne volonté évidente du lecteur. Ce ne sont pas des fables mathématiques parce qu'il n'y a derrière ni morale ni message. Ce ne sont pas plus des contes mathématiques, même si, d'une certaine manière, ils ont pour but de faire rêver. Après tout, n'a-t-on pas souvent conseillé aux enfants, pour s'endormir, de compter les moutons ?

Les pages qui suivent comprennent peu de calculs, elles sont d'ailleurs destinées à ceux et celles qui comprennent peu les calculs. Convaincu qu'une étude trop poussée de la grammaire peut parfois cacher la beauté de la littérature, j'ai volontairement privilégié la figure et le dessin. J'ai pris des libertés par rapport aux équations pour encourager un autre regard sur les mathématiques, celui que permet déjà une simple connaissance des quatre opérations arithmétiques fondamentales, celui qui autorise parfois de mettre un signe « = » entre deux parties qui ne le sont pas tout à fait.

L'important est de pouvoir prendre du recul. Je l'ai compris le jour où, à dix-huit ans, j'ai passé l'examen d'entrée à l'université. Un professeur m'a posé la question suivante : « Pourquoi, dans les cours de physique que vous avez suivis, y a-t-il des notions d'optique et pas d'acoustique ? » Je m'attendais à tout sauf à cela. Il a enfoncé un peu plus le clou : « L'œil est-il vraiment plus important que l'oreille ? » J'étais déstabilisé. Je pouvais répondre à beaucoup de questions à propos de l'optique mais pas à la question : « Pourquoi l'optique ? » Il me donna alors la clé : « Parce que les équations sont simples, parce que les mathématiques qui sous-tendent l'optique sont très accessibles. Ce qui n'est pas le cas de l'acoustique… »

Il faut pouvoir prendre du recul. C'est pourquoi j'ai supprimé les démonstrations arides et les ai remplacées par le symbole de l'as de pique : (♠). Ce signe indique que la logique exigerait à cet endroit un long développement mathématique, mais celui-ci serait contraire au double objectif poursuivi ici. N'y a-t-il pas du plaisir et du sens à remplacer vingt équations par un as de pique ?

Pour chaque sujet, j'ai délibérément choisi le cas le plus simple. Chaque fois que possible, j'ai pris un angle droit plutôt qu'un angle quelconque, une division qui tombe juste plutôt qu'une fraction encombrante, un cube plutôt qu'un solide irrégulier, le cas particulier plutôt qu'une généralisation qui se fait parfois au détriment de l'efficacité pédagogique. Le simple est souvent un bon chemin pour aller vers le plus compliqué.

Mon père était docteur en droit. Sa vision des mathématiques, différente, était une raison supplémentaire de lui parler. Son problème favori était le suivant : si trois poules pondent trois œufs en trois jours, combien de temps faut-il à une poule pour pondre un œuf ? Bien qu'enfantin, ce petit piège en forme de plaisir d'apprendre contenait déjà un message : les mathématiques ne peuvent être réduites au calcul, et le calcul ne peut être réduit aux chiffres. La règle de trois est le plus élémentaire des modèles mathématiques. Mais la leçon est claire. Si ce qui est compliqué doit être simplifié, ce qui est complexe demande à être modélisé. Et la poule mettra trois jours pour pondre un œuf.

Il faut percevoir ce petit essai comme un puzzle dont certaines pièces sont délibérément manquantes. Mais leur absence n'empêche pas les autres de tenir ensemble et de laisser deviner la totalité du sujet. Chaque page indique ainsi une direction possible de la recherche personnelle, qui peut se faire éventuellement en achetant un livre, ou même en retrouvant un ancien cours au fond d'une boîte en carton. Chaque thème est une invitation au voyage dans la littérature qui lui est consacrée. Chaque sujet suggère d'en choisir d'autres.

Comment classer tous ces concepts ? Là aussi j'ai pris une option simple.

Nous commencerons par quatre nombres célèbres : le nombre d'or, π, la racine carrée de – 1 et l'infini (chapitres 1 à 4).

Platon avait fait graver sur le fronton de son académie : « Nul n'entre ici s'il n'est géomètre. » C'est le concept de mesure qui prendra le relais (chapitres 5 à 8). Nous évoquerons le choc ressenti par les premiers mathématiciens grecs qui réalisèrent que certaines longueurs ne pouvaient être mesurées par un nombre rationnel.

Après l'arithmétique et la géométrie, c'est l'algèbre qui fera l'objet d'un troisième moment (chapitres 9 à 11). L'invention quasi simultanée par Newton et

Leibniz du calcul différentiel a permis de mathématiser le mouvement.

Les mathématiques vont ensuite envahir l'ensemble des structures. Nous prendrons les exemples de Pascal, Euler, Shannon et von Neumann qui se sont attaqués respectivement aux structures du hasard, des réseaux, de la communication et des jeux (chapitres 12 à 15).

Un jour vint l'ordinateur, l'outil par excellence de la modélisation. Le cinquième temps approchera les concepts d'attracteur, de fractal ou encore de chaos, autant de domaines inaccessibles sans l'informatique (chapitres 16 à 20).

Nous terminerons par ce qui aurait pu être le commencement : le rôle de la créativité. Alain Connes, autre médaillé Fields, le dit bien : « Si le problème résiste, il faut s'en détourner, penser à autre chose et laisser venir des analogies évocatrices qui permettront d'aborder le problème par la bande. » Pas de logique sans analogique donc ! Mais il faudra quand même faire passer les modèles imaginés par la dure sanction de la preuve… Galilée dit un jour que le grand livre de la Nature est écrit en langage mathématique. Et finalement, s'il avait raison ? Reste une question non résolue à ce jour : ce fameux livre, est-ce un roman ou un essai ?

Mon souhait serait de voir le lecteur trouver, grâce à ce petit livre, le plaisir que j'ai eu à l'écrire. Il est pour cette raison spécialement aéré et ne peut se lire qu'avec un crayon en main. J'aurai atteint mon objectif si, après la lecture de ces pages, le moindre espace libre se trouve rempli d'annotations personnelles, si des calculs manuscrits se sont glissés entre les équations proposées, si des figures ont été complétées ou modifiées, si une trace subsiste de l'une ou l'autre réaction suscitée, si des griffonnages témoignent par-ci par-là de l'envie d'en savoir plus.

Je souhaiterais retrouver dans ce livre l'empreinte de celui qui l'a lu. Un peu comme si on l'avait écrit ensemble.

Hoves, septembre 2011

# CQFD

Et quand il n'y avait pas d'ordinateurs, comment faisaient-ils, les géomètres, les comptables, les astronomes, les économistes et tous ceux dont la profession passait d'une manière ou d'une autre par la manipulation de nombreux chiffres ? Beaucoup de métiers existent depuis des siècles, parfois même des millénaires, et les archives industrielles et scientifiques regorgent de comptabilités manuscrites et de carnets de laboratoire aux expériences cent fois vérifiées. Nos ancêtres ont fait, à la main, un nombre incalculable de calculs innombrables.

Mais comment faisaient-ils donc pour lever l'impôt, pour construire un pont, pour fabriquer des lunettes ou encore estimer le diamètre de la lune ? L'informatique a aujourd'hui soixante-dix ans. Vingt-cinq siècles d'hommes de science, de Pythagore à Einstein, ont donc dû s'en passer pour élaborer leurs plus belles théories. Et quand on connaît les calculs que pas mal d'entre elles exigeaient…

De même qu'on ne peut plus imaginer une vie sans électricité, il devient difficile de croire qu'on ait pu travailler sans ordinateur.

Il n'y a pas si longtemps, un clerc de notaire estimait avoir bien gagné sa journée s'il réussissait le calcul du plan de remboursement d'un prêt hypothécaire sur dix ans. Comment d'autres alors, à peine mieux équipés, mesuraient-ils la vitesse de la lumière ou appliquaient-ils la théorie des probabilités aux réactions chimiques ? Comment faisaient-ils ? L'histoire des mathématiques donne un début d'explication à ces prouesses intellectuelles. Mais c'est dans la relation au calcul qu'avaient développée ces savants que se trouve l'essentiel de la réponse.

Ils n'avaient pas d'informatique, certes, mais ils n'étaient pas pour autant sans outils. Depuis la plus haute antiquité, en effet, des abaques et des bouliers compteurs de toutes sortes furent inventés pour soulager les mathématiciens. Bien plus tard vinrent les bâtons de Napier, les compas de proportion, les règles à calcul et autres moulinettes à roues dentées.

Mais leurs outils n’étaient pas faits que de bois, d’ivoire ou de métal, tant il est vrai que pour extraire une racine cubique d’un nombre de cinq chiffres en quatorze manipulations de boulier compteur, la qualité des perles importe peu. Les mathématiciens avaient aussi leurs outils de pensée, leurs trucs de calcul mental. Certains ont fait date dans l’histoire comme les logarithmes, qui permettent de transformer des multiplications en additions et des divisions en soustractions. D’autres plus modestes ont agrémenté le quotidien d’une génération, comme la célèbre preuve par neuf et les milliers de croix qu’elle a laissées dans nos cahiers d’enfance.

L’apparition de l’informatique a fait table rase des tables de multiplication. On ne trouve plus aujourd’hui de machines à calculer mécaniques que chez les brocanteurs, et les amateurs de calcul mental en sont réduits aux jeux télévisés. Aujourd’hui, il y a l’ordinateur et son existence contraint l’homme à réinventer le rôle des mathématiques. Dans les conversations, on n’entend plus de phrases du genre : « Si mes calculs sont exacts… » Aujourd’hui, les calculs sont exacts. Ou encore plus simplc : on peut ne plus calculer du tout.

Un vestige de l'époque pré-informatique subsiste quand même : un vocabulaire encore utilisé mais plus nécessairement compris. Un orateur peut sans incommoder son auditoire prouver une thèse par a + b, qualifier une vitesse de vv', ou appeler une somme inconnue montant x, sans n'avoir plus pour autant la moindre idée de ce qu'est une identité remarquable, une fonction dérivée ou une équation du second degré.

Le public s'habitue d'ailleurs à ces pseudo-scientifiques. Par exemple, est-on sûr qu'il sursautera encore si on vient lui parler de plus grand commun multiple ? En effet, en mathématiques, il peut être utile de chercher le plus petit commun multiple ou le plus grand commun diviseur comme outil de factorisation. Le plus grand commun multiple est un mélange des deux qui n'a pas d'intérêt car il correspond à l'infini. De même, il est absurde de qualifier un changement radical de virage à 360 degrés…

Ces constatations sont plus importantes qu'on ne le pense. Une utilisation laxiste de l'ordinateur risque d'abord d'engendrer une génération d'illettrés des mathématiques, de gens incapables d'un jugement critique par rapport aux chiffres qu'ils manipulent et au fonctionnement des machines qu'ils utilisent.

Par analogie, le mathématicien américain John Allen Paulos qualifie d'« innumérés » ceux qui tout à la fois trouvent les chiffres mystérieux mais leur font facilement confiance. L'innuméré n'est pas nécessairement un inquiet. Il trouve que l'informatique est même une bonne chose pour le profil de son crâne : la bosse des maths n'est plus nécessaire et les trous de mémoire disparaissent. L'innuméré peut même être intellectuellement doué. Il préfère seulement utiliser son intelligence pour maquiller son malaise par rapport aux chiffres… ou épater plus innuméré que lui !

Une illustration de ce phénomène est la difficulté avec laquelle il gère les ordres de grandeur. L'innuméré perd le sens des proportions, il utilise millions et milliards comme des synonymes, et ne sait plus toujours lequel de méga ou de giga est plus grand que l'autre. Au pire, dit-il pour se rassurer, il ne s'est trompé que de quelques zéros…

Un autre exemple en est certainement la célèbre « loi des grands nombres ». Tantôt dénommée courbe de Gauss, tantôt évoquée sous le nom de loi des 80-20, de Pareto ou encore de courbe en cloche, elle surgit en effet au détour de bien des conversations. Basée pour les uns sur une vague réalité physique qui détermine la distribution de certains phénomènes, elle s'appuie pour les autres sur un théorème mathématique plus ou moins nébuleux de la théorie des probabilités. Cette dernière est donc paradoxalement victime de l'à-peu-près de la pensée, alors que son ambition était de l'analyser le plus finement possible.

Il ne s'agit plus de savoir calculer la distance du Soleil à la Terre ou le déficit des finances publiques, mais il importe d'en garder des mesures relatives. Une idée de vraisemblance s'impose face à des chiffres invraisemblables. Un ordinateur raisonne logiquement mais il n'est pas raisonnable. Tout est pour lui essentiel ou tout est pour lui détail, alors que, dans la réalité, tout est question de nuance.

La machine a un fonctionnement étroit, son utilisateur dispose d'un esprit de finesse. La machine a un fonctionnement carré, son utilisateur dispose d'un esprit de géométrie. Blaise Pascal introduirait probablement avec plaisir ces nuances, lui qui construisit la toute première machine à calculer. Il le ferait d'autant plus qu'il n'était pas que mathématicien. Tout comme Pythagore, Descartes, Leibniz ou, beaucoup plus près de nous, Bertrand Russell, il était aussi philosophe et épistémologue par la force des choses.

Les innumérés sont en partie victimes aujourd'hui de l'isolement des mathématiques. À la fois plus abondant mais moins nécessaire qu'auparavant, le calcul ne bénéficie plus assez de ces ambassadeurs de génie qui exportaient leurs théorèmes pour le plus grand plaisir des autres disciplines. L'absence de ces messagers explique peut-être pourquoi les mathématiques, pourtant seul langage vraiment universel, deviennent paradoxalement un langage de moins en moins compris dans le monde.

Mais il existe une autre explication : la vitesse à laquelle ce langage évolue sous l'influence de l'informatique. Aujourd'hui, il nous faut en effet répondre à une question difficile : que deviennent les mathématiques quand il n'y a plus rien à calculer ?

Cette question interpelle évidemment les enseignants. Pour apprendre les mathématiques à John, il ne suffit plus de connaître les mathématiques ni même de connaître John. Il faut aussi resituer le calcul dans un monde où les machines le font mieux et plus vite, il faut redécouvrir le sens de l'effort intellectuel demandé à l'élève.

Quand un enfant demande pourquoi apprendre encore à extraire une racine carrée à la main alors que n'importe quelle calculatrice de poche le fait en moins de microsecondes qu'il n'en faut pour le dire, la question est en fait fondamentale et une réponse impulsive souvent insuffisante. Le problème dépasse de loin le cadre de l'arithmétique ; il concerne toutes les sciences dont on n'a plus vraiment besoin aujourd'hui et dont beaucoup de professeurs ont de plus en plus de mal à justifier l'enseignement.

Trois raisons essentielles plaident pourtant en faveur de ces disciplines que d'aucuns ont tendance à mettre un peu vite à la retraite.

La première est d'ordre culturel. Les sciences dites exactes restent des sciences humaines et elles ont donc leur patrimoine au même titre que la littérature ou l'architecture. L'archéologie technologique existe et le présent se doit d'être le gardien, la mémoire du passé.

La deuxième raison est directement liée à l'efficacité pédagogique. L'histoire des mathématiques, au-delà de sa richesse culturelle, est une mine de renseignements, un trésor pour l'enseignement. Les nuances des langues vivantes apparaissent souvent à l'étude des langues dites mortes ; de même, un apprentissage de ce qu'on pourrait appeler les sciences mortes apparaît comme le garant d'une meilleure approche de la science d'aujourd'hui.

Si l'importance de la culture et les méthodes d'enseigner peuvent toujours être discutées, il existe néanmoins une troisième raison qui est de respecter et de privilégier les sciences qui ne font plus l'actualité.

Les ordinateurs sont aujourd'hui tellement puissants que la subtilité n'est bien souvent plus impérative pour résoudre un problème. Dans les cas vraiment difficiles, quelques gigabytes en plus dans la mémoire centrale ou quelques unités-disques supplémentaires dans le *cloud* compenseront le manque d'imagination.

Or, c'est la créativité qui a permis à Neper d'inventer les logarithmes et de débloquer ainsi le développement de l'astronomie, coincée par un stupide problème d'intendance arithmétique qui empêchait de tirer profit des équations de Kepler. C'est la créativité qui a permis à Newton de découvrir le développement en série des fonctions algébriques et de modéliser ses intuitions géniales à propos de la gravité.

La créativité peut-être, mais aussi l'obligation de créer. On oublie trop souvent que, si un ordinateur calcule quasi instantanément des centaines de décimales du nombre pi, il utilise encore aujourd'hui pour le faire des méthodes mises au point par Leibniz et ses disciples.

L'arithmétique et l'algèbre sont à l'informatique ce que le latin et le grec sont à la langue française. Pourquoi alors ne pas introduire un cours important d'histoire des sciences dans l'enseignement secondaire ? L'extraction manuelle d'une racine carrée y trouverait là sa véritable place et le cours de mathématiques pourrait être consacré à la logique booléenne, à l'analyse numérique, à l'évaluation des ordres de grandeur, à la théorie de l'information et aux autres sciences vivantes. Le calcul binaire, la méthode des différences finies ou les éléments de topologie ne présentent en effet pas plus de difficultés que la géométrie d'Euclide ou les équations trigonométriques, et ces disciplines ne manqueraient pas de séduire des adolescents avides de se brancher sur l'avenir plus que sur le passé.

Le monde change complètement, pourquoi l'enseignement des mathématiques devrait-il faire exception ?

Il y a longtemps, un conflit opposait souvent le professeur de mathématiques à ses élèves à propos du tâtonnement. Face aux problèmes classiques de baignoires percées, de trains en route l'un vers l'autre, ou encore d'âges de différents membres d'une famille, l'enseignant voulait imposer son système d'équations à l'étudiant parti instantanément dans une méthode d'approximations successives souvent plus rapide. Le professeur de l'époque ne pouvait certes pas savoir que les meilleurs informaticiens ou documentalistes seraient d'une certaine manière ceux qui tâtonneraient le mieux ! Alors, prudence, prudence…

Que reste-t-il des mathématiques quand il n'y a plus rien à calculer ? Le problème dépasse de loin le cadre de l'école. Beaucoup d'adultes engagés dans une vie professionnelle intense concluent un peu vite qu'à tout problème correspond une machine. C'est évidemment faux, à commencer par le problème qui consiste à inventer de nouvelles machines.

Alors, puisqu'il faut moins calculer aujourd'hui, n'est-ce pas l'occasion de réapprendre les mathématiques, de redécouvrir la force que procure le plaisir des idées ? C'est parce que la vie professionnelle exige moins d'efforts physiques qu'auparavant que beaucoup de gens ont retrouvé la joie de la pratique d'un sport. L'analogie est bien sûr tentante, tout comme l'est celle proposée par la pratique de l'art.

Il existe de grands théorèmes comme il existe de grandes symphonies et il y a de belles formules comme il y a de belles cathédrales. Mozart n'était-il pas un grand passionné des mathématiques et s'est-il jamais posé la question de savoir à quoi servait une symphonie ?

Dans ce qu'on appelle « culture générale », les coniques d'Apollonius évoquées dans les dernières pages de ce livre ont autant leur place que *Les Misérables* de Victor Hugo, lui qui souffrait aussi de calculs comme il l'exprimait dans ces deux vers célèbres :

*On me tordait, depuis les ailes jusqu'au bec,*
*Sur l'affreux chevalet des X et des Y*

La séparation entre mathématiciens et non-mathématiciens est vraiment artificielle et regrettable. Nul n'a jamais posé la question de savoir si Aristote était plus professeur de sciences politiques que professeur de logique. L'Histoire a retenu qu'il était professeur d'un roi. De même, Descartes et Pascal sont souvent perçus par les littéraires comme des philosophes et par les mathématiciens comme des inventeurs de systèmes d'axes ou de calculs de probabilités. Ne s'agit-il pourtant pas là des mêmes individus ? N'y a-t-il pas finalement qu'un seul système des idées ?

Pour permettre à chacun de chercher le sens des mathématiques, il importe de pouvoir partager le plaisir d'en faire.

C'est ce qu'il fallait démontrer !

# 1. NOMBRE D'OR

Bertrand Russell (1872-1970) a dit que les mathématiques sont nées le jour où l'on s'est rendu compte qu'il y avait quelque chose de commun entre un couple de faisans et une paire de claques. Au-delà de la boutade, le philosophe anglais affirme là quelque chose de fondamental. La naissance du « nombre » est le premier moment des mathématiques.

L'idée de nombre certes, mais pas encore sa définition. Il faudra attendre plusieurs millénaires pour recevoir de Gottlob Frege (1848-1925) une définition rigoureuse ! Les mathématiques appliquées sont nées avant les mathématiques pures, ainsi va le monde. Les vignerons de Babylone faisaient bien du vin, sans imaginer qu'un jour on établirait les équations chimiques de la fermentation.

Il y a un nombre infini de nombres, d'autant plus que l'infini est un nombre ! Mais certains sont entrés au panthéon de l'arithmétique. C'est le cas du nombre d'or, par lequel nous commencerons.

Les rectangles ne sont pas tous semblables. Certains sont longs et étroits, d'autres se rapprochent plutôt du carré. D'autres encore se situent entre ces deux extrêmes et sont d'une certaine manière plus agréables à l'œil. Certains rectangles sont effectivement plus harmonieux que d'autres, plus esthétiques, en un mot mieux proportionnés. Mais de quelle proportion s'agit-il… au juste ?

Il ne peut évidemment s'agir que du rapport entre la longueur et la largeur, entre les deux côtés du rectangle. Y aurait-il alors une proportion parfaite qui conférerait au rectangle l'harmonie absolue ?

Dans l'Antiquité, les Grecs avaient déjà étudié la question et établi ainsi un des premiers critères de la beauté géométrique : un rectangle est harmonieux s'il garde les mêmes proportions lorsqu'on lui enlève un carré. Dans ce cas, le rapport parfait entre la longueur et la largeur est baptisé « nombre d'or » et sa valeur est de 1,618… (♠)

Le rapport inverse découle de sa propriété esthétique. Il s'obtient en lui retirant une unité, à quelques poussières de chiffre près en effet.

$$\frac{1}{1{,}618} = 0{,}618 \text{ (♠)}$$

Ce nombre d'or a des propriétés multiples mais l'une d'elles est plutôt gênante : c'est un nombre difficile à retenir. Voici un petit moyen mnémotechnique issu directement de la définition :

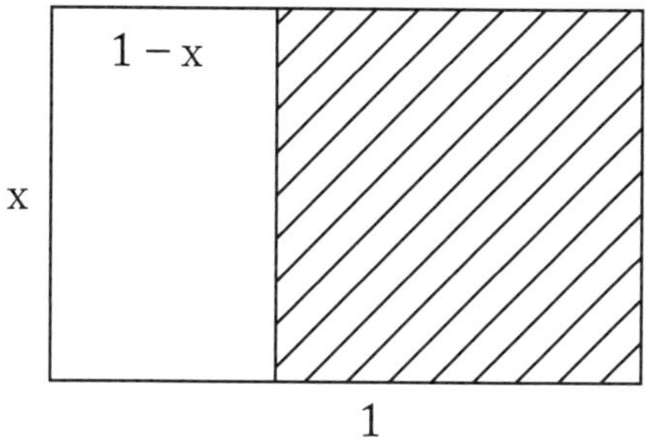


la longueur du grand rectangle d'or est 1 et sa largeur x, le nombre d'or vaut donc 1/x. Si l'on enlève un carré, la longueur du petit rectangle d'or est x et sa largeur (1 – x), le nombre d'or vaut donc aussi par définition la longueur du petit rectangle divisé par sa largeur, soit $\frac{x}{1-x}$.

Les deux valeurs sont bien sûr égales :

$$\frac{1}{x} = \frac{x}{1-x}$$

Donc $1 - x = x^2$

$$1 = x^2 + x = x(x + 1)$$

et $$x = \frac{1}{1+x} = \frac{1}{1+\frac{1}{1+x}} = \frac{1}{1+\frac{1}{1+\frac{1}{1+\dots}}}$$

Cette expression mathématique est appelée « fraction continue » car on peut remplacer x par $\frac{1}{1+x}$ jusqu'à l'infini.

Plus on s'enfonce dans les dénominateurs, plus on se rapproche de la valeur du nombre d'or :

$$1 + \frac{1}{1+1} = 1{,}5$$

$$1 + \frac{1}{1+\frac{1}{1+1}} = 1 + \frac{1}{\frac{3}{2}} = 1 + \frac{2}{3} = 1{,}666$$

etc.

# 2. PI

La « quadrature du cercle » est l'expression utilisée d'habitude pour désigner un problème sans solution. Mais qui sait qu'il s'agit en fait de l'impossibilité de construire un carré de surface équivalente à un cercle donné avec, comme seuls outils, une latte et un compas ? Tout candidat à ce genre d'exploit a d'ailleurs un comportement qualifié d'irrationnel. Mais qui sait qu'un nombre est irrationnel simplement quand il ne peut s'exprimer sous la forme d'une fraction ?

Dans ces deux exemples, l'inconscient du langage semble envoûté par le nombre pi ($\pi$) et son interminable cortège de décimales.

$\pi$ est connu comme un partenaire incontournable dès qu'il s'agit d'un cercle ou d'une sphère. Mais son rayon d'action s'étend bien au-delà. $\pi$ peut même se retrouver là où il n'y a que des lignes !

Si, sur le sol, on dessine un grand nombre de lignes parallèles éloignées l'une de l'autre d'une même distance d, le jet répété d'un bâton de longueur d conduit « par hasard » au nombre π.

Deux cas sont en effet possibles : ou bien le bâton croise une des droites parallèles, ou bien il se situe totalement entre deux d'entre elles. La première situation est la plus probable, elle survient environ deux fois sur trois. Pour être tout à fait exact, elle survient deux fois sur… π. (♠)

La probabilité pour que le bâton croise une des lignes est donc de 2/π. La méthode n'est pas très efficace… Dix mille lancers sont nécessaires pour être à peu près sûr de trouver 3,14 ! Mais faut-il être efficace pour être beau ?

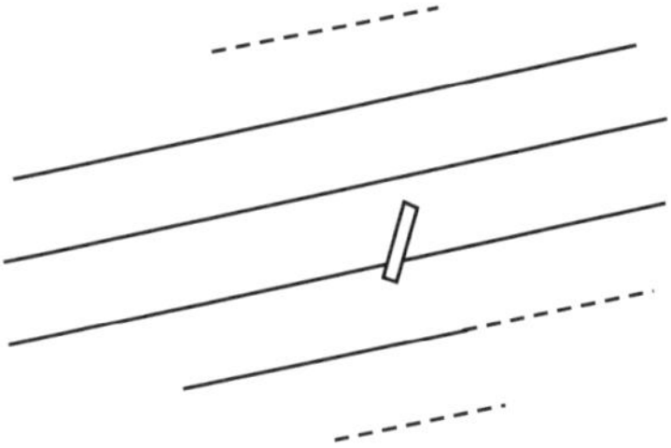

En 1674, Leibniz proposa une formule extrêmement simple pour calculer π :

$$\frac{\pi}{4} = 1 - \frac{1}{3} + \frac{1}{5} - \frac{1}{7} + \ldots$$

Là aussi, la convergence est désespérément lente, 300 termes sont nécessaires pour obtenir le fameux 3,14. (♠)

Mais de proche en proche, des centaines d'autres méthodes furent développées pour ajouter des décimales. Aujourd'hui, le mur du milliard de chiffres après la virgule a été franchi, sans pour autant permettre d'en comprendre la fréquence ou l'éventuelle périodicité.

π est un nombre merveilleux, qui appartient pour l'éternité au cercle des théorèmes disparus.

# 3. NOMBRE IMAGINAIRE

Même chez ceux à qui l'algèbre n'a pas donné la passion des mathématiques, certaines expressions, certains sons résonnent encore longtemps dans la tête.

$\sqrt{b^2 - 4ac}$ est de ceux-là, reliquat d'une époque où l'équation du second degré meublait les heures de cours. ($b^2 - 4ac$) devait d'ailleurs être plus grand ou égal à zéro, sinon l'équation n'avait pas de solution, la racine carrée d'un nombre négatif n'existant pas.

Enfin, telle était la version officielle. Car depuis plusieurs siècles, les mathématiciens avaient évidemment voulu en savoir plus, trouver un nombre qui, multiplié par lui-même, donnerait quand même un résultat négatif. Ils durent plonger dans leur imaginaire et baptisèrent donc ce nombre nouveau-né *i*. L'acte de naissance stipulait :

$i^2 = -1$ (♠)

et que le second prénom de l'enfant serait complexe. L'avenir dira à quel point ce choix fut judicieux.

Tout nombre peut prendre la forme de $a + bi$ (b étant nul dans la vie réelle). Le nombre de propriétés rendues alors disponibles est réellement inimaginable. (♠)

Deux nombres complexes $(a + bi)$ et $(a - bi)$ ont par exemple un produit réel puisque

$(a + bi)(a - bi) = a^2 - abi + abi - b^2 i^2 = a^2 - b^2(-1)$
$= a^2 + b^2$

Cette formule nous laisse entrevoir l'extraordinaire puissance du système, comme le prouve un tout petit voyage aller-retour au pays de l'imaginaire.

Il est demandé de transformer 145 en une somme de deux carrés. Prenons comme point de départ

$145 = 5 \times 29$

D'autre part, $5 = 4 + 1 = (2 - i) \times (2 + i)$

et $29 = 25 + 4 = (5 - 2i) \times (5 + 2i)$

Donc

$5 \times 29 = (2 + i)(5 + 2i) \times (2 - i)(5 - 2i)$
$= (8 + 9i) \times (8 - 9i) = 64 + 81 = 8^2 + 9^2$

ce qui est bien le résultat demandé.

Le hasard aurait pu conduire à une factorisation différente :

$5 \times 29 = (2 + i)(5 - 2i) \times (2 - i)(5 + 2i)$
$= (12 + i) \times (12 - i) = 144 + 1 = 12^2 + 1^2$

Mais le résultat répond aussi à la demande de départ !

# 4. INFINI

Alors, monsieur Pythagore, êtes-vous bien sûr de ne pas vous être trompé ? Dans le triangle rectangle ABC, d'après vous, $(AB)^2 + (AC)^2 = (BC)^2$.

Ne serait-ce pas plutôt la relation AB + AC = BC qui est vérifiée ?

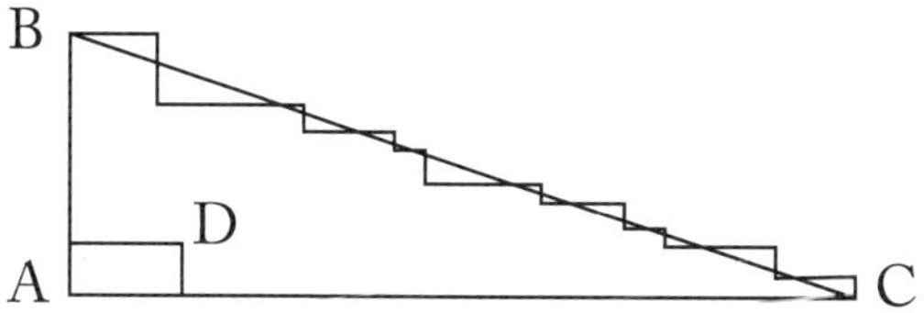


À y regarder de plus près en effet, le trajet qui mène de B à C *via* A a la même longueur si l'on passe plutôt par D.

À y regarder d'encore plus près, cette distance parcourue est toujours la même si l'on suit la ligne brisée irrégulière qui coupe et recoupe l'hypoténuse BC car la somme de toutes les parties verticales de la ligne brisée est égale à AB et la somme de toutes les parties horizontales égale à AC. Et ce trajet ne s'allonge pas si les marches de l'escalier deviennent de plus en plus petites, minuscules même au point de ne plus pouvoir les voir, d'aussi près que l'on veuille regarder.

Alors, monsieur Pythagore, n'a-t-on pas AB + AC = BC, l'hypoténuse n'est-elle pas égale à la somme des deux côtés de l'angle droit ? Quand le grand côté du triangle ressemble à une scie dont les dents sont infiniment usées, le « pont aux ânes » – tel que l'on qualifie ce théorème – tiendrait-il toujours debout ?

Non, nous répondez-vous. Notre erreur est notre perception du mot « infiniment ». Effectivement, depuis les travaux de Georg Cantor, il est acquis que l'infini est un concept beaucoup plus étendu qu'estimé *a priori*.

Pour illustrer cela, examinons la question suivante : y a-t-il plus de nombres entiers que de nombres entiers multiples de trois ? À première vue, la réponse est évidemment oui, puisque 2/3 des nombres entiers ne sont pas multiples de trois.

Mais à deuxième vue ? Formons les deux suites infinies suivantes :

| | | | | | | | |
|---|---|---|---|---|---|---|---|
| | 1 | 2 | 3 | 4 | 5 | 6 | … |
| et | 3 | 6 | 9 | 12 | 15 | 18 | … |

La correspondance deux à deux entre un nombre et son triple est possible aussi loin que l'on veuille aller. Il y a donc autant de nombres entiers que de nombres entiers multiples de trois !

Mais une question étrange vient alors à l'esprit : tous les infinis sont-ils identiques ?

Eh bien ce n'est pas l'avis de Cantor. Par un éclair de génie qu'il a baptisé de « diagonal », il a prouvé que certains infinis étaient plus grands que d'autres !

Prenons par exemple l'infinité des nombres binaires infiniment longs (l'ordre n'a pas d'importance) :

| | | | | | | | | | |
|---|---|---|---|---|---|---|---|---|---|
| 1 | 0 | 0 | 1 | 0 | 1 | 0 | 1 | 0 | … |
| 0 | 0 | 1 | 0 | 1 | 0 | 0 | 0 | 1 | … |
| 1 | 0 | 1 | 0 | 0 | 1 | 0 | 0 | 1 | … |

etc.

Cantor a montré que, même si on les prend tous, il y en a toujours au moins un qui manque ! C'est le « nombre infini diagonal ».

On obtient ce nombre manquant en inversant chaque chiffre placé sur une diagonale formée par la superposition de tous les nombres binaires infiniment longs. Étant donné que ce nombre est formé par l'infinité des nombres binaires, il est lui-même infiniment long (dans ce cas-ci, en partant d'en haut à gauche, cela donne « 010… »).

Ce nombre est différent de l'infinité des autres. En effet, il est différent du premier nombre au moins par son premier chiffre, il est différent du deuxième nombre au moins par son deuxième chiffre, etc., jusqu'à l'infini.

Cantor a lui-même avoué avoir été effrayé par sa découverte. Qu'ont dû penser alors les logiciens ? Car, si certains infinis sont supérieurs à d'autres, que devient alors une expression comme « tous les multiples de neuf sont divisibles par trois » ? Est-on bien sûr de les avoir tous ?

# 5. PREUVE

Pas plus que les Égyptiens, les Grecs n'étaient de vrais mathématiciens. Leur souci premier était la mesure. Mais, à la différence des Égyptiens, une deuxième préoccupation les tenaillait : la capacité de démontrer. Géométrie et théorème sont depuis lors inséparables. Survolons cela à travers cinq grandes figures.

Cela a commencé au VII^e siècle avant Jésus-Christ lorsque, quelque part du côté de Millet, Thalès ouvrit les deux grands chapitres de la pensée grecque : la philosophie et la géométrie. Penseur de la mesure et mesureur de la pensée, il proposa simultanément une théorie de la nature et des théorèmes sur les proportions.

Pythagore, qui voyait des nombres partout, s'inscrivit, deux siècles plus tard, dans la même double tradition initiée par Thalès : celle du mathématicien qui démontre et celle du philosophe qui montre.

Le plus célèbre des géomètres est probablement Euclide (il est vrai qu'il n'était que géomètre). Ses huit livres font partie des best-sellers de la littérature mondiale, avec la Bible et... *Harry Potter.* Euclide poussa l'art de la démonstration au rang des plus belles disciplines.

Au IIe siècle avant Jésus-Christ, la géométrie grecque connut une forme d'apothéose avec un généraliste, Archimède, et un spécialiste, Apollonius.

Le premier était très concerné par la défense de sa patrie Syracuse et la légende dit qu'il mit au point des miroirs utilisés pour incendier les vaisseaux au loin, ou encore des leviers pour rendre les catapultes plus puissantes.

Apollonius était à la fois plus théoricien et plus focalisé sur un type de recherche qui l'a rendu célèbre : les coniques. Suivant que l'on coupe ou non un cône parallèlement à son arête, on peut obtenir une parabole, une ellipse ou une (demi) hyperbole. Ces trois concepts seront éclairés à la dernière page de ce livre.

Le plus célèbre de tous les théorèmes de géométrie plane est probablement celui du « pont aux ânes » vu au chapitre précédent. Pythagore y affirme que le carré construit sur le plus grand côté d'un triangle rectangle – côté que l'on appelle hypoténuse – a une aire égale à la somme des aires des carrés construits sur ses deux autres côtés.

Ce théorème a été démontré jusqu'à l'usure par autant de générations d'étudiants. Le nombre de démonstrations est très élevé. Les plus classiques d'entre elles trouvent leur place dans les *Éléments* d'Euclide.

D'autres démonstrations, au nom des mathématiques « modernes », se font sans même recourir à la figure géométrique. Des équations aux produits scalaires et produits vectoriels y ont remplacé le crayon et la latte. Pourtant, face à une personne qui ne comprend pas bien un mécanisme, la proposition la plus chaleureuse n'est-elle pas précisément… de faire un dessin ?

Et puisqu'un petit dessin vaut souvent mieux qu'un long discours mathématique, pourquoi ne pas aller jusqu'au bout du raisonnement et démontrer le théorème de Pythagore sans faire le moindre calcul ? Voici comment faire.

La thèse est valable pour n'importe quel triangle rectangle. L'astuce consiste simplement à le prendre en huit exemplaires et à les disposer comme indiqué sur les figures.

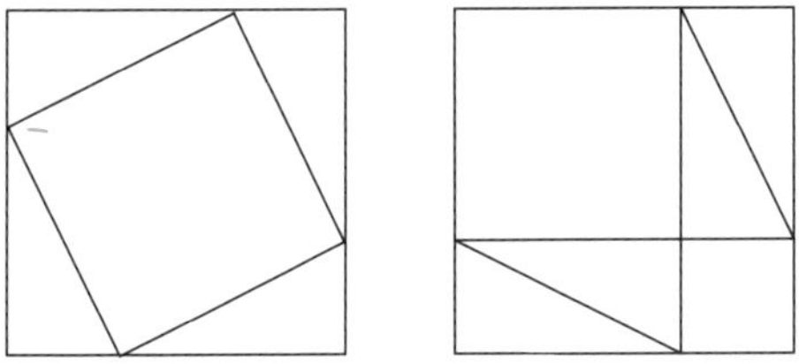

Ces deux figures ont des tailles identiques. Si on leur retire tous les triangles rectangles, c'est-à-dire des surfaces égales, les surfaces restantes seront bien sûr aussi égales.

Or, dans le premier cas, on a le carré construit sur l'hypoténuse, et dans l'autre, la somme des carrés construits sur les deux autres côtés…

Il existe de nombreux cas où un petit dessin vaut mieux qu'une longue démonstration.

Prouvons par exemple que :
1 + 2 + 3 + 4 + 5 + … + n = n (n +1) / 2.

On peut le faire par récurrence, en deux temps :

1) Partir du fait que la thèse est vérifiée pour n petit. Si n = 4 par exemple, on a bien :
4 (4 + 1) / 2 = 10

2) Montrer que si c'est vrai pour n, c'est aussi vrai pour n + 1 et le tour est joué. (♠)

Mais on peut aussi le démontrer graphiquement.

Dessinons la somme demandée en empilant des petits carreaux. Pour n = 7 par exemple, on obtient :

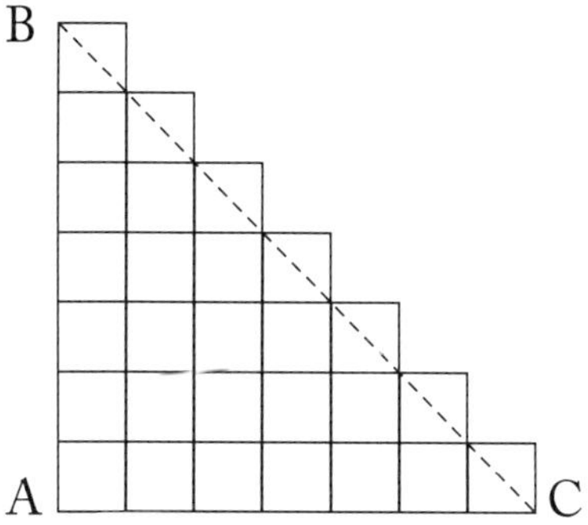


En imaginant un segment BC, on voit que la somme demandée est un demi-carré de côté 7 plus 7 petits demi-carrés au-dessus de l'hypoténuse.

Soit : $n^2 / 2 + n / 2$ ou encore $n (n + 1) / 2$.

Une troisième méthode est de les regrouper deux par deux en prenant toujours le premier avec le dernier : 1 va avec n, 2 va avec n – 1, 3 va avec n – 2, etc. On aura au final n/2 groupes valant chacun n+1.

Dernier exemple.

Démontrons que 1/2 + 1/4 + 1/8 + … = 1.

Nous partirons d'un carré de côté 1 et nous organiserons tous les termes demandés de la manière suivante, en alternant rectangle et carré :

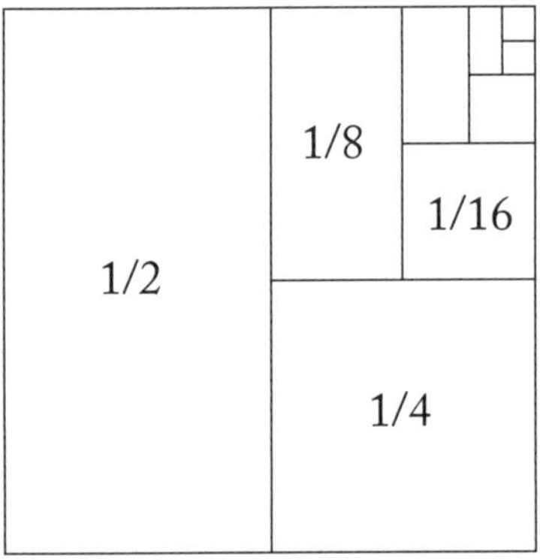


Il apparaît graphiquement qu'à la limite on couvre bien 1, la totalité du carré.

Maintenant que vous avez bien compris, essayez de calculer la somme $1/3 + 1/3^2 + 1/3^3 + \ldots$

Le plus simple est d'imaginer un bâton de longueur 1 qu'on va couper en petits morceaux :

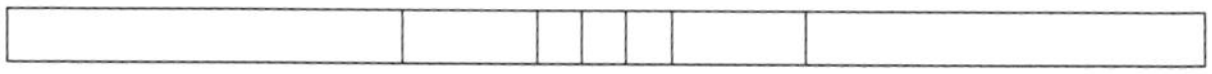

On commence par le diviser en trois. Par rapport à la somme demandée, il nous faut donc garder le premier tiers et on peut évidemment jeter le troisième. Celui du milieu va nous fournir les termes suivants de la série. Divisons-le à nouveau en trois. Le premier neuvième est le deuxième terme de la somme demandée, le troisième est inutile, etc.

Aussi loin que l'on aille dans la division du bâton, à chaque étape, il faudra garder un morceau et en jeter un autre. La somme demandée est donc 1/2.

# 6. POLYÈDRE

Euler est un des très grands mathématiciens de l'histoire. Il détermina par exemple que pour tout solide (ou polyèdre) formé de faces planes (F), d'arêtes rectilignes (A) et de sommets (S), l'égalité suivante est toujours vérifiée :

$F + S - A = 2$ (♠)

Dans le cas du cube, on a bien :

6 (faces) + 8 (sommets) – 12 (arêtes) = 2

Euler voulut alors généraliser son résultat et voir ce que l'équation donne lorsqu'on démonte le polyèdre et qu'on l'étale sur un plan. Par exemple, un cube déplié laisse l'égalité intacte à une unité près. Autrement dit :

$F + S - A = 1$ (♠)

Effectivement, 6 + 14 – 19 = 1.

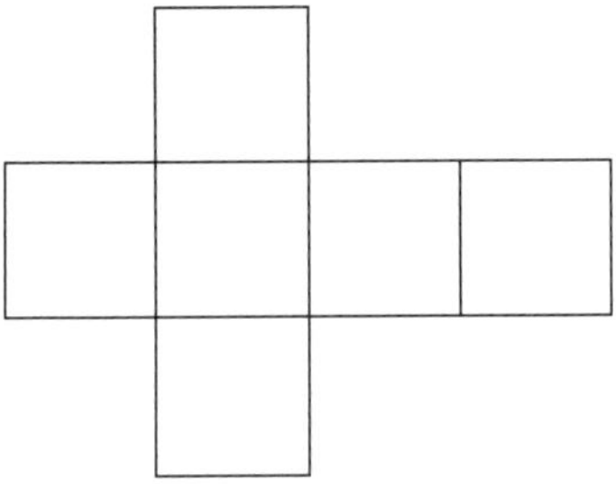

Cette dernière équation est vérifiée pour tout réseau maillé si l'on accepte de prendre les notions de face, de sommet et d'arête au sens large.

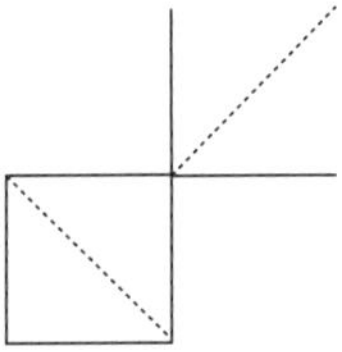

Dans l'exemple ci-dessus, on a bien 2 surfaces délimitées, 8 segments de droites et 7 points équivalents à des sommets.

Et effectivement :

2 + 7 – 8 = 1

Cette formule permet de vérifier d'autres intuitions mathématiques. Par exemple, Platon se demanda combien il existait de solides réguliers comme le cube et la pyramide aux quatre faces triangulaires. Toutes leurs faces doivent être des polygones réguliers identiques. Platon établit qu'il n'en existe que cinq en tout et pour tout, et associa chacun d'eux à l'un des cinq éléments de base de l'univers : le feu, l'air, l'eau, la terre et… l'éther, qui remplirait l'espace au-delà de l'atmosphère.

Et effectivement, il n'en existe pas un de plus ! Mais il a fallu attendre vingt-deux siècles pour qu'Euler le démontre avec sa formule…

Dans un solide platonicien, chacune des arêtes est commune à deux faces et relie toujours deux sommets entre eux. Donc, en notant N le nombre d'arêtes par face et P le nombre d'arêtes partant de chaque sommet, on peut écrire :

$2A = NF \qquad \text{et} \qquad 2A = PS$

En combinant ces deux propriétés à la formule d'Euler, on déduit l'égalité suivante :

$A(2N + 2P - NP) = 2NP$ (♠)

Le terme entre parenthèses doit toujours être positif puisque 2NP et A le sont. Cela signifie que :

$(N - 2)(P - 2) < 4$ (♠)

De plus, N et P ne peuvent prendre des valeurs inférieures à 3 car des nombres plus petits conduiraient à une figure plane ou à une droite. Compte tenu de cette remarque et de l'inégalité précédente, il ne reste bien que cinq combinaisons possibles pour N et P (♠).

Tout cela peut paraître abstrait. Et pourtant l'utilisation de ces concepts est omniprésente. Prenez par exemple un ballon de football. Comment le fabriquer pour qu'il soit parfaitement symétrique ? Ce n'est pas difficile. Vous partez du plus grand des solides platoniciens : l'icosaèdre constitué de vingt triangles équilatéraux. Vous tronquez les douze pointes qui l'empêchent de bien rouler, ce qui fait apparaître douze pentagones, les vingt faces triangulaires devenant autant d'hexagones. Je me demande combien de gardiens de but au monde réalisent qu'en dégageant le ballon, ils envoient en l'air douze pentagones et vingt hexagones qui se rapprochent d'une sphère en vertu d'un théorème du grand Platon.

# 7. TANGENTE

Quelque deux cents ans avant Jésus-Christ, les Grecs avaient déjà une idée assez précise de la circonférence du globe terrestre !

Pour la calculer, Ératosthène eut en effet l'idée de planter à Alexandrie et à Syène, environ huit cents kilomètres plus au sud, deux poteaux parfaitement verticaux. Syène étant sur le tropique du Cancer, une fois par an à midi, le poteau ne provoque pas la moindre ombre. Mais au même moment, à Alexandrie, comme l'ombre est bien visible et qu'il est raisonnable de supposer les rayons du soleil parallèles, Ératosthène put évaluer à 7° l'angle formé par ceux-ci et le poteau.

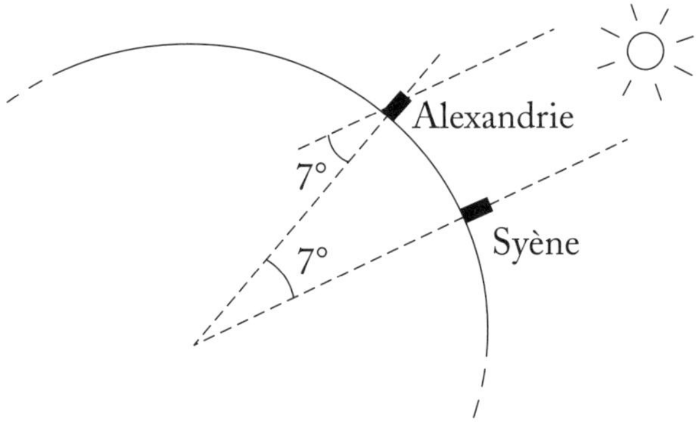


L'angle au centre de la Terre déterminé par les deux poteaux à Syène et à Alexandrie est donc également de 7°. Il correspond à un arc de circonférence terrestre qu'Ératosthène savait être de 800 kilomètres. Il ne lui restait plus alors qu'à résoudre la règle de trois correspondante pour en déduire la longueur du méridien. Cela donnait à peu près :

$$\frac{800 \text{ km}}{7°} = \frac{x \text{ km}}{360°}$$

et x = 41 143 km n'était pas fort éloigné de la réalité.

Les mathématiciens, et plus spécialement les géomètres ou les astronomes, ont souvent affaire à des points inaccessibles. En utilisant le centre de la Terre comme sommet d'un triangle et le soleil comme point à l'infini, Ératosthène a ainsi posé les premiers jalons d'une science nouvelle : la trigonométrie. Dans le cas du calcul de la circonférence terrestre, les calculs sont simples parce que les rayons solaires sont parallèles.

La trigonométrie est basée sur une propriété des triangles semblables. Quelle que soit la taille de ces triangles, le rapport entre deux côtés correspondants reste le même. Dans le cas particulier du triangle rectangle, les trois rapports les plus utilisés ont été baptisés sinus, cosinus et tangente. Ils ont été calculés une fois pour toutes pour tous les angles possibles et rassemblés dans les célèbres tables de trigonométrie.

La tangente est ici un nombre absolu et n'a rien à voir avec une droite qui ne coupe un cercle qu'en un seul point.

Un exemple éclaire rapidement ce vocabulaire qui évoque peut-être un peu trop le professeur Tournesol.

Imaginons un observateur chargé de mesurer la hauteur d'une tour sur laquelle il est impossible de monter. Équipé d'un théodolite (instrument permettant de mesurer un angle dans les deux directions, horizontale et verticale) situé à 100 mètres du pied de la tour, il en vise le sommet et mesure un angle de 30°. Il peut en déduire immédiatement que la hauteur demandée est de 58 mètres, car il sait que la tangente de 30° est de 0,58 (♠) et qu'elle a été définie comme le rapport des deux côtés de l'angle droit, le côté opposé à l'angle sur le côté adjacent.

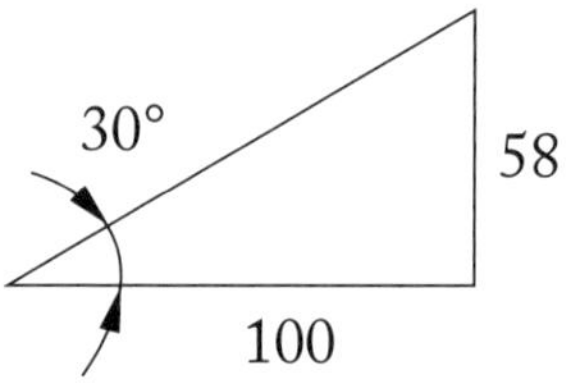


Si l'angle avait été de 45°, un recours aux tables eut été inutile. La valeur de la tangente de 45° étant de 1, la hauteur de la tour devient :

100 × 1 = 100 mètres.

# 8. PROJECTION

À première vue, le problème ci-dessous n'a pas l'air facile. Comment prouver que les trois couples de tangentes communes à trois circonférences quelconques se coupent sur une même ligne droite (cette fois-ci, une tangente est bien une droite qui ne coupe un cercle qu'en un seul point) ?

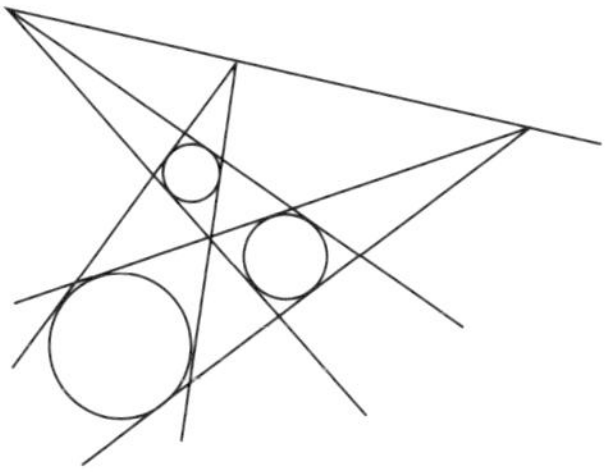

Et pourtant, un regard autre en donne une démonstration immédiate ! Il suffit de voir des sphères identiques en perspective. Les tangentes communes sont en effet parallèles et elles se coupent donc sur une même ligne de fuite… (♠)

Passer de deux à trois dimensions semble donc efficace, mais dans la réalité, c'est le passage inverse qui est plutôt la préoccupation. Car, depuis que l'homme sait que la Terre est ronde, il sait également qu'il est face à un problème insoluble : une représentation plane de la surface terrestre qui conserverait exactes les distances entre deux points quelconques.

De nombreux géographes ont proposé au cours des siècles de nombreuses variantes de cartes du monde. Chaque approximation apportait ses avantages, privilégiait un souhait au détriment d'un autre, plaisant tantôt au savant, tantôt au professeur, ou tantôt à l'artiste. Mais paradoxalement, aucune de ces cartes n'était vraiment utile à ceux qui en avaient pourtant le plus besoin : les navigateurs.

À la Renaissance, avec l'envie grandissante des explorateurs d'aller au bout du monde ou même d'en faire le tour, il fallait évidemment répondre à leur demande impérative.

Ce fut un Belge qui écouta enfin l'appel des marins : Gérard Mercator (1512-1594) qui étudia à l'Université Catholique de Louvain (comme nous !). Oubliant quelque peu le rêve du géographe et plus concentré sur la demande de l'utilisateur, il comprit que ce n'est pas tant la conservation des distances qui importe mais bien le respect des lignes droites.

Pour ce faire, la dilatation des parallèles est compensée par une exagération de la distance à l'Équateur. Mais cette double déformation permet de sauver l'essentiel. Sur la carte de Mercator, en effet, à peu de chose près, le chemin le plus court entre deux points est la ligne droite.

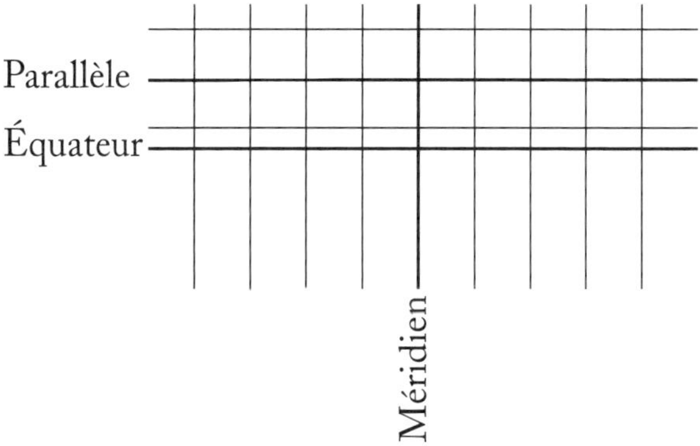




Avec cette nouvelle priorité désormais en tête, il inventa une projection qui porte évidemment son nom et qui nous est aujourd'hui familière.

La terre apparaît sur un rectangle où seules les distances proches de l'Équateur sont respectées car les méridiens sont autant de verticales équidistantes. Mercator voulait à tout prix que le marin puisse, à cap constant, suivre une route équivalente à une ligne droite sur sa carte, c'est-à-dire qui coupe tous les méridiens avec un même angle. Les routes ne sont pas vraiment les plus courtes, mais elles sont appréciées par les marins qui ne doivent plus alors recalculer sans cesse leur direction.

Le prix à payer est une dilatation de l'espace d'autant plus grande qu'on se rapproche des pôles (au-delà de 75°, la projection de Mercator n'a d'ailleurs plus aucune utilité ; le Groenland y équivaut par exemple à l'Afrique alors qu'il est quatorze fois plus petit). Mercator aurait pu se faire appeler « professeur Cosinus », car la dilatation se fait en fonction du cosinus de l'angle au centre de la Terre. (♠)

# 9. BINÔME

Multiplier la somme de deux nombres par elle-même est un exploit, à en juger par l'appellation officielle de l'opération $(a + b)^2$ qui est en effet pour les mathématiciens un « produit remarquable ». On peut obtenir le résultat graphiquement ou par le calcul : $a^2 + 2\,ab + b^2$.

| | b | a |
|---|---|---|
| a | ab | $a^2$ |
| b | $b^2$ | ab |

Tout aussi remarquable évidemment est le cube de la somme :

$(a+b)^3 = a^3 + 3a^2b + 3ab^2 + b^3$

Il est intéressant d'observer alors la suite des coefficients :

1,2,1 pour le carré et 1,3,3,1 pour le cube.

La quatrième puissance peut trouver ses coefficients dans le triangle de Pascal ainsi nommé quoique découvert par les Chinois trois siècles avant lui (mais, comme disait Yves Duteil : « Ce n'est pas ce qu'on fait qui compte c'est l'histoire, c'est l'histoire la manière dont on le raconte pour le faire savoir ! ») :

| | | | | | | | | | | |
|---|---|---|---|---|---|---|---|---|---|---|
| | | | | | 1 | | | | | |
| | | | | 1 | | 1 | | | | |
| | | | 1 | | 2 | | 1 | | | |
| | | 1 | | 3 | | 3 | | 1 | | |
| | 1 | | 4 | | 6 | | 4 | | 1 | |
| … | | … | | … | | … | | … | | … |

où chaque nombre est égal à la somme des deux qui se trouvent au-dessus de lui.

C'est beau mais c'est aussi utile pour traiter certains types de problèmes, comme en témoigne l'exemple suivant.

Prenons uniquement les as d'un jeu de cartes.

Combien de paires sont possibles ? L'as de cœur et l'as de pique, l'as de cœur et l'as de trèfle, etc. Il y a 6 paires possibles et le chiffre se trouve au milieu de la cinquième ligne du triangle de Pascal.

Combien de brelans d'as sont possibles ? La réponse est également dans le triangle, juste à droite… ou juste à gauche : 4. Il y a aussi quatre manières de prendre un seul as, et si on ajoute l'option de les prendre tous les quatre et celle de n'en prendre aucun, il y a bien 1 + 4 + 6 + 4 + 1 = 16 manières de se servir lorsqu'on présente les 4 as.

16 est donc le nombre de parties possibles d'un ensemble de 4 éléments. Il est aussi 2 élevé à la quatrième puissance.

Ce qui n'est pas étonnant et peut être généralisé grâce au développement de $(a + b)^n$ imaginé par Newton. (♠)

Il suffit de faire a = b = 1 dans le développement suivant :

$$(a + b)^4 = a^4 + 4a^3b + 6a^2b^2 + 4ab^3 + b^4$$

# 10. PROGRESSION GÉOMÉTRIQUE

Créer une suite de nombres totalement au hasard n'est pas chose facile. Pas question bien sûr d'utiliser un ordinateur puisqu'on ne peut l'affranchir de ses circuits logiques.

Dans tous les autres cas, une série de nombres contient une logique interne qui relie ses éléments entre eux et qui permet toujours d'en tricoter un suivant. Parfois, le lien mathématique est trivial. Pour obtenir un élément supplémentaire à la suite des nombres entiers, il suffit d'ajouter 1 au dernier de la liste. Parfois, la logique est beaucoup plus sophistiquée, mais dans tous les cas une tentation irrésistible envahit le mathématicien.

Exactement comme un enfant ne peut s'empêcher de toucher aux boutons d'une machine, les passionnés de calcul ne peuvent voir une série de nombres sans avoir envie d'en faire la somme.

Deux cas sont possibles. Par exemple, la somme des nombres entiers tend vers l'infini quand on y rajoute indéfiniment des termes. On dit alors de la série qu'elle diverge. Dans d'autres cas, la sommation des termes d'une série ne dépasse jamais une certaine limite, aussi loin que l'on pousse le calcul. La série est dite alors convergente vers cette valeur finie, et dans certains cas il est très important de la connaître…

Il y a une distance au-delà de laquelle même le regard le plus aiguisé ne peut plus voir. De même, il y a des séries qui, après un certain nombre de termes, ne sont plus accessibles à la pensée.

Prenons, par exemple dans l'ensemble des nombres entiers, la somme des inverses de leurs carrés. La somme de leur suite 1 + 1/4 + 1/9 + 1/16 + … tend vers $\pi^2/6$ (♠). Et voilà à nouveau le nombre π qui nous surprend.

Dessiné graphiquement, cela donne ceci et s'il fallait colorier les blocs, il est évident qu'un crayon suffirait.

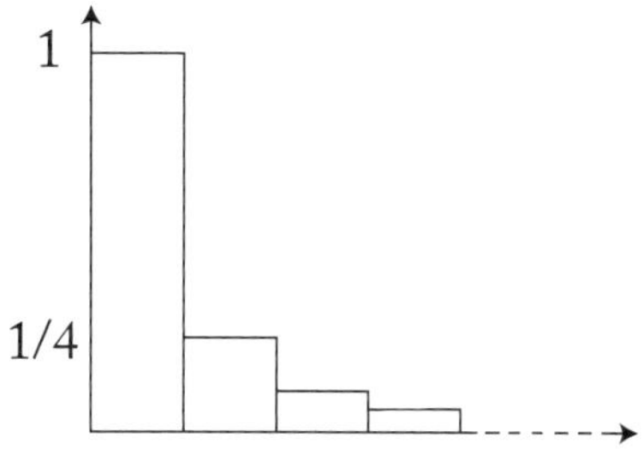


Prenons maintenant un cas plus simple, celui de la suite des inverses des nombres entiers : 1 + 1/2 + 1/3 + 1/4 + … Et là aussi, représentons graphiquement ce que cela donne :

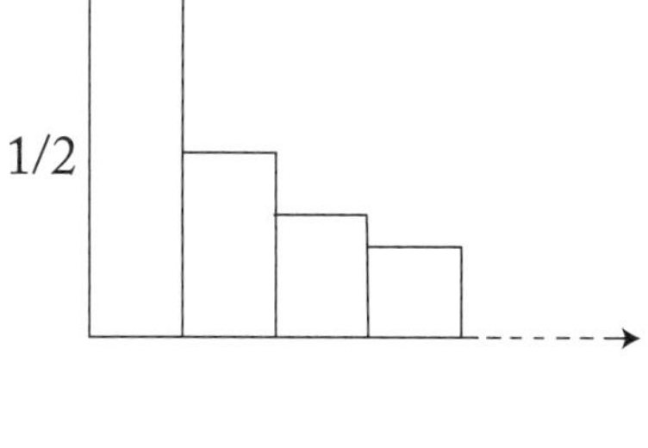

Le coloriage devrait prendre à peine plus de temps… Eh bien non, toutes les boîtes de crayons de couleur de la terre ne suffiraient pas car la somme tend vers l'infini. (♠) Aucune goutte d'eau ne fera jamais déborder le vase. Les séries sont de vrais trompe-l'œil.

Est-il par exemple plus intéressant de recevoir un capital de 12 millions ou une rente de 1 million par an jusqu'à la fin du monde ?

Si la somme des paiements annuels actualisés divergeait, la réponse serait immédiate et l'heureux bénéficiaire assuré d'une richesse infinie. Mais quel que soit le taux d'inflation, la suite « 1 million par an » converge.

Dans le cas particulier d'une inflation de 10 %, la valeur actuelle du premier versement est de $\frac{1 \text{ million}}{1{,}1}$, soit 909 091 € actuels celle du deuxième est de $\frac{1 \text{ million}}{(1{,}1)^2}$, soit 826 446 € actuels.

Chaque terme de la suite est égal au précédent multiplié par $\frac{1}{1{,}1}$. Il s'agit donc d'une progression géométrique.

Or, la somme d'une telle série est :

$$\frac{1^{er}\text{ terme}}{1 - \text{facteur de multiplication}} \quad (\spadesuit)$$

Dans ce cas-ci :

$$\frac{1\,000\,000}{1-\frac{1}{1{,}1}} = \frac{1\,000\,000}{0{,}1} \times 1{,}1 = 11\,000\,000$$

Un tiens – voilà 12 millions – vaut donc mieux que tu l'auras – ton million – une fois par an, jusqu'à la fin du monde.

# 11. TROCHOÏDE

Une trochoïde n'est pas une sorte de lézard, ni une partie du corps, ni un arbre tropical. Non, la trochoïde est le chemin parcouru par un point situé sur un disque qui roule sur une ligne droite.

Il y a deux cas limites. S'il s'agit du centre du disque, la trochoïde est alors une droite parallèle à la première. S'il s'agit d'un point sur la circonférence, la courbe est alors appelée cycloïde.

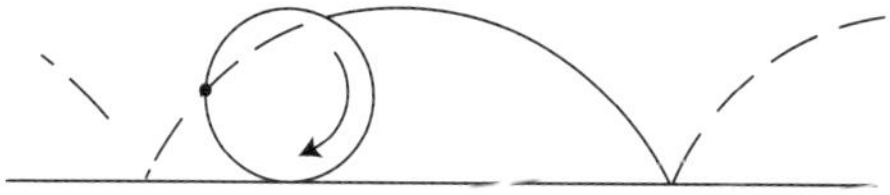

La cycloïde a de nombreuses propriétés, elle est par exemple brachystochrone. Brachystochrone ? Ce mot pourrait faire penser à un animal préhistorique, ou à l'architecture médiévale, ou encore à un médicament. Pourtant, si la courbe brachystochrone pose un problème de vocabulaire, elle est en fait la solution d'un vieux problème de physique.

Cette courbe est en effet celle que doit suivre un objet, soumis uniquement à la force de la gravité, pour tomber d'un point à un autre en un minimum de temps.

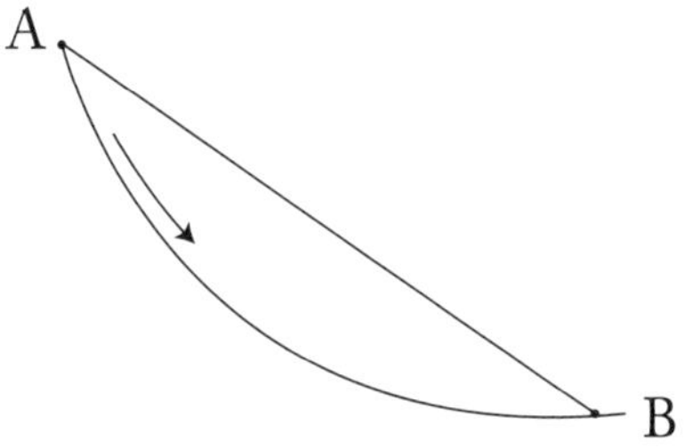


Pour ce faire, il est évident qu'un départ « à la verticale » donne un élan maximum, mais il oblige à contrer la force centrifuge à l'approche du but. À l'autre extrême, un départ à la manière d'un planeur n'est pas non plus très efficace. Le trajet optimal se situe entre les deux. Il est « donné » par une équation du quatrième degré. C'est une portion de cycloïde ! (♠)

Le problème de la courbe brachystochrone défia les mathématiciens pendant près de deux mille ans. Même Galilée croyait encore qu'un quart de cercle en était la réponse.

Comme souvent en mathématiques, la solution d'un problème récompense le chercheur en lui offrant d'autres résultats que pourtant il ne cherchait pas. La courbe brachystochrone, découverte presque simultanément par Newton, L'Hospital et Bernoulli, s'est ainsi révélée un mécène en idées nouvelles. On peut par exemple démontrer que l'aire sous la cycloïde est triple de celle du disque qui l'engendre et que sa longueur en égale quatre diamètres. (♠)

L'étude de cette courbe permit aussi le véritable début de l'industrie horlogère. Le Hollandais Huygens démontra en effet que l'extrémité d'un balancier coincé entre deux cycloïdes décrit également une cycloïde, et surtout, que le temps d'une oscillation est alors indépendant de son amplitude.

Ce qui a l'énorme avantage de permettre à quiconque chargé de mesurer le temps de s'affranchir alors des petites perturbations et de pouvoir dire que la courbe brachystochrone est aussi… tautochrone, littéralement « qui dure le même temps ».

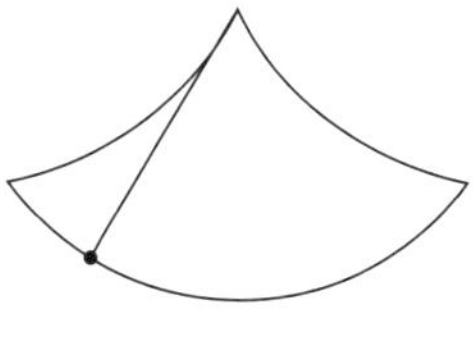

# 12. ALÉATOIRE

Question : quelle est la probabilité d'avoir au moins un six, en six jets de dé ? Six fois une chance sur six ? Non, cela équivaudrait à une probabilité de un, c'est-à-dire la certitude. L'approche doit être plus prudente.

En un coup, il y a une chance sur six d'avoir un six, c'est évident. En deux coups, la probabilité d'avoir au moins un six est égale à la somme des probabilités de l'avoir au premier coup (1/6), et de celle de l'avoir au deuxième (1/6) dans les cas où on ne l'a pas eu au premier, c'est-à-dire cinq fois sur six. En deux coups, la chance d'avoir au moins un six est donc de :

$$\frac{1}{6} + \frac{1}{6} \times \frac{5}{6}$$

soit onze cas sur trente-six.

La méthode reste valable jusqu'au sixième jet de dé, bien sûr, mais les calculs deviennent vite dissuasifs puisque le dénominateur de la fraction est chaque fois la puissance suivante de six.

Et si on regardait le problème autrement ? Les problèmes de mathématiques sont souvent comme des montagnes, et les escaladeurs savent qu'un même sommet peut à la fois avoir une face qui est presque impraticable et une autre qui est une vraie promenade.

Dans ce problème-ci, l'attaque par un autre versant s'avère la bonne idée. Il faut retourner la question et chercher la probabilité de ne pas avoir de six en six coups de dé. La réponse est quasi instantanée. Cinq chances sur six la première fois, et ainsi de suite six coups d'affilée. La probabilité de ne pas avoir de six est donc de $(5/6)^6$ soit 0,335. Celle d'en avoir au moins un, c'est-à-dire la question posée au départ, est alors de $1 - 0,335$ soit 0,665. Environ deux chances sur trois.

La théorie de la probabilité est une science difficile. Elle requiert donc encore plus que d'autres le temps du regard multiple, le choix pertinent du meilleur chemin pour une ascension qui économise l'énergie cérébrale.

# 13. TOPOLOGIE

Presque toutes les disciplines ont des villes symboles qui deviennent un jour ou l'autre lieu de pèlerinage pour leurs adeptes. Les historiens se rendent ainsi à Compiègne, les sportifs à Olympie, les musiciens à Salzbourg, les géographes à Greenwich.

Les mathématiciens ont aussi le choix, mais ils se doivent de passer une fois dans leur vie à Königsberg. Pour être exact, ils se doivent de passer une et une seule fois sur chacun des sept ponts qui relient les deux îles de la rivière au restant de la ville. Pour être vraiment tout à fait exact, ils doivent essayer de faire cette promenade et se rendre compte qu'elle est impossible. Ce qu'a démontré Euler en 1736.

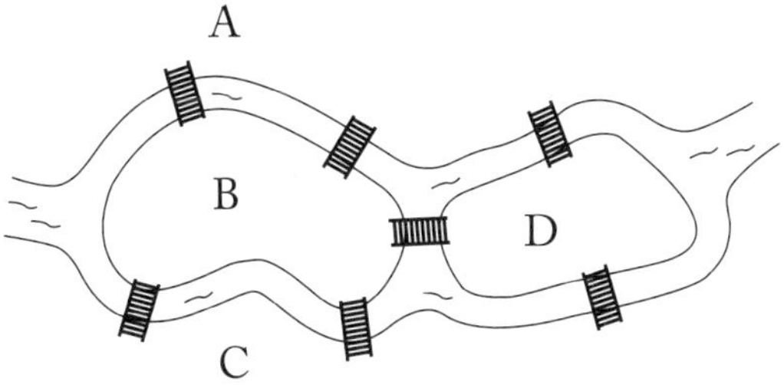

Königsberg – qui porte toujours aujourd'hui le nom soviétique de Kaliningrad – est en effet un symbole de départ de plusieurs branches des mathématiques : l'analyse combinatoire, la théorie des graphes et la topologie. Euler y démontra que dans un réseau maillé, la promenade où chaque section n'est empruntée qu'une fois n'est possible que si, et seulement si, un maximum de deux nœuds est lié aux autres par un nombre impair de branches. (♠)

Dans le cas de Königsberg, le réseau équivalent à la promenade est :

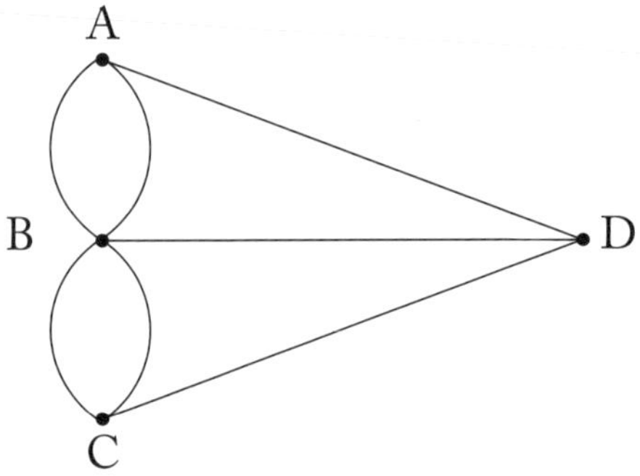


Tous les nœuds sont ici reliés aux autres nœuds par un nombre impair de trajets et la promenade tentée par le mathématicien est donc impossible.

Cette branche des mathématiques vit aujourd'hui une nouvelle jeunesse avec le développement d'Internet. Car l'ensemble de tous les sites Internet du monde peut être vu comme un immense graphe dans lequel les nœuds seraient les sites eux-mêmes et les arêtes des liens hypertextes qui les relient entre eux.

Lorsqu'un internaute effectue une recherche sur Google (rappelons au passage qu'un *google* vaut 10 exposant 100 !), l'ordre d'apparition des sites à l'écran ne peut être dû au hasard. Le premier de la liste doit idéalement être le plus intéressant pour le navigateur et les suivants doivent être classés en fonction de leur pertinence par rapport à la recherche.

Comment est-il possible de calculer le degré d'intérêt d'un site Internet ? Le principe de base est simple : chaque site Internet reçoit, au départ, un certain nombre de points et il les distribue aux sites vers lesquels il pointe. Au final, les sites qui possèdent le plus de points seront ceux qui apparaîtront en premier à l'affichage du résultat de la recherche. Donc, les points d'un site seront d'autant plus élevés que le nombre de sites pointant sur lui est élevé et que ces liens sortent de sites possédant eux-mêmes beaucoup de points.

# 14. INFORMATION

Le développement des mathématiques est intimement lié au vieux souhait des scientifiques de modéliser les systèmes. Chaque nouveau domaine de la physique se voit ainsi d'abord attribuer une unité de mesure, comme par exemple la calorie en thermodynamique, ou le becquerel en radioactivité.

Les savants se mettent ensuite à l'ouvrage pour trouver des équations suffisamment précises pour coller à la réalité, mais suffisamment simples pour pouvoir être utilisées. Un chef-d'œuvre de ce type de compromis est sans aucun doute le système des équations de Maxwell en électromagnétisme.

Dans les années 1950, l'apparition de l'électronique et de l'informatique a suivi un schéma analogue. L'« information », la nouvelle ressource, s'est vu mesurer en bits (le mot « bit » est bien choisi : à la fois jeu de mot puisque *a little bit* veut dire un petit peu, « bit » est aussi une contraction de *binary digit* et symbole ne pouvant prendre que les valeurs 0 et 1 comme nous le verrons au chapitre 16). Le choix du bit s'est imposé car c'est la plus petite quantité d'information possible. (♠)

Dans un deuxième temps, Claude E. Shannon, un chercheur américain, a lancé les premiers concepts d'une théorie mathématique de l'information et de la communication, basée sur quelques idées accessibles à tous.

La mesure d'une information est inversement proportionnelle à sa probabilité. Par exemple, si on jette successivement en l'air une pièce de monnaie et un dé, l'annonce d'un « pile » contient moins d'information que celle d'un « cinq », la probabilité étant d'une chance sur deux dans le premier cas, d'une chance sur six dans le deuxième.

Considérons maintenant les deux lancers comme une seule expérience. D'une part, la probabilité d'un couple donné, par exemple « face, quatre », est de 1/12, mais d'autre part, l'annonce du résultat ne contient pas plus d'information que lors de deux expériences séparées.

La mesure de l'information doit donc satisfaire à une relation exigeante de type :

$$f(\frac{1}{2}) + f(\frac{1}{6}) = f(\frac{1}{2} \times \frac{1}{6})$$

et f ne peut donc être qu'une fonction de type logarithme qui, par définition, transforme les multiplications en additions.

Ceci peut apparaître un peu compliqué mais correspond néanmoins à une intuition. La quantité d'information d'un message n'est pas proportionnelle à la longueur de ce message. Pour transmettre mille nombres de quatre chiffres pris au hasard, il n'y a pas d'autres manières que de les communiquer un à un. Mais pour transmettre dans l'ordre tous les nombres compris entre 2 001 et 3 000 – c'est-à-dire une quantité identique –, il suffit de donner le premier et la logique qui les relie tous ensemble.

Examinons le 300$^{e}$ nombre transmis.

Dans le premier cas, dix mille nombres sont possibles, la probabilité d'en avoir un bien précis est très faible et l'information fournie par son annonce en est d'autant plus grande.

Dans le second cas, le nombre transmis est obligatoirement 2 300. C'est une certitude et la probabilité de l'avoir est donc de 1. Mais le logarithme de 1 est 0 et l'information transmise est donc nulle.

Le modèle de Shannon est vérifié et la quantité d'information du deuxième envoi est moindre, alors que le volume transmis est identique.

La complexité d'une suite d'informations peut alors être définie comme la plus petite de toutes les suites qui contient la même information.

# 15. DILEMME

Deux suspects d'un hold-up sont arrêtés par la police et mis au secret. Les enquêteurs ne disposent pas de preuves irréfutables, ce qui les vexe profondément. Soucieux de respecter leur intégrité d'hommes de loi malgré leur envie de punir lourdement, ils proposent alors – séparément – aux deux malfrats le même marché. Si l'un accepte de dénoncer l'autre, le premier sera libéré et l'autre sera condamné à trois ans de prison. S'ils s'accusent mutuellement, la peine sera pour tous les deux de deux ans. Dans le dernier cas, celui où ils refusent tous deux de collaborer avec la police, la peine ne pourra, faute de charges, excéder un an.

La petite matrice suivante résume la situation. Elle est symétrique et les peines de prison respectives apparaissent entre parenthèses.

| | | **Prisonnier 2** | |
|---|---|---|---|
| | | refuse | accepte |
| **Prisonnier 1** | refuse | (1,1) | (3,0) |
| | accepte | (0,3) | (2,2) |

Suivant, d'une part, le refus ou l'acceptation d'un prisonnier de collaborer avec la police en dénonçant l'autre, et suivant, d'autre part, l'attitude adoptée par son supposé complice, le verdict peut donc varier pour chacun de l'acquittement immédiat à trois années de prison ferme.

Cette situation célèbre connue sous le nom de « dilemme du prisonnier » est un paradoxe de départ de la théorie des jeux.

Chacun des prisonniers, dans l'impossibilité qu'il est de dialoguer, a, en effet, tout intérêt à collaborer avec la police car, dans les deux cas, il diminue d'un an son séjour en prison. Si l'autre refuse le marché, plutôt qu'être condamné à une année d'emprisonnement, il se voit en effet libéré, et si l'autre l'accepte, il fera deux ans au lieu de trois. Mais la recherche unique d'un gain personnel peut être mauvaise conseillère car la somme des deux logiques individuelles et identiques débouchera pour chacun à deux années de prison. Soit le double de ce qu'ils auraient pu avoir en refusant, à deux, le marché proposé par les enquêteurs dont le piège était donc redoutable et particulièrement créatif.

La théorie des jeux a des applications multiples et quotidiennes.

Prenons l'exemple d'une manifestation dont vous souhaitez le succès, mais qui vous priverait d'un spectacle auquel vous tenez. Allez-vous finalement y aller ? « Cette manifestation ne sera pas moins réussie si je n'y vais pas. » Le choix du spectacle semble donc évident alors qu'une traduction collective en serait désastreuse.

C'est à la même époque que fut élaborée la fameuse théorie des jeux par John von Neumann et Oskar Morgensten. Même s'il a fallu un demi-siècle pour voir ces travaux couronnés par un prix Nobel, la désormais classique « angoisse du gardien de but au moment du penalty » illustre elle aussi la relation superbe entre probabilité et décision : « Il tire deux fois sur trois à gauche mais comme il sait que je sais qu'il tire d'habitude à gauche, il va tirer à droite, mais comme... Alors, je plonge où ? »

# 16. BINAIRE

Selon le chercheur français Alain Connes, déjà cité plus haut, il existe trois niveaux distincts dans l'activité mathématique :

– Le premier correspond aux capacités des ordinateurs actuels : des mécanismes préétablis y permettent de donner une réponse précise à un problème de type donné. Mais les limitations sont grandes, car il n'y a pas d'interaction entre le système et les calculs qu'il fait.

– Le deuxième niveau surmonte cet obstacle : il permet par exemple de comparer deux méthodes différentes pour un même problème, ou encore, par un mécanisme de ré-entrée, d'évaluer, de porter un jugement, et donc d'améliorer une pratique ou une stratégie en cours. Ce deuxième niveau échappe aujourd'hui en grande partie aux possibilités de l'informatique, même si le fil de la pensée n'y est pourtant jamais perdu.

– Cette continuité dans la réflexion n'est plus présente au troisième niveau car c'est celui de l'illumination soudaine, de la synthèse magique, de la bifurcation étonnante ou du changement de cadre. Après avoir cherché des nouvelles réponses aux niveaux inférieurs, le mathématicien pose plutôt ici de nouvelles questions. Et alors, parfois, « au-delà du plaisir ressenti, il a l'impression tout à coup qu'un brouillard se lève brutalement ».

De ses discussions avec le biologiste Jean-Pierre Changeux naît même chez Alain Connes l'idée d'un « darwinisme mathématique », un mécanisme qui sélectionnerait naturellement les concepts plus porteurs au détriment des intuitions plus faibles. Ce qui répondrait alors à la question immédiate de la transition d'un niveau à un autre.

Ces différents niveaux apparaissent très vite, dès qu'on décompose un raisonnement. Supposons un axe de machines imaginaires qui aurait à une extrémité une puissance de calcul maximale mais de mémorisation nulle, et à l'autre exactement l'inverse, c'est-à-dire une possibilité infinie de mémoriser mais l'impossibilité totale de calculer.

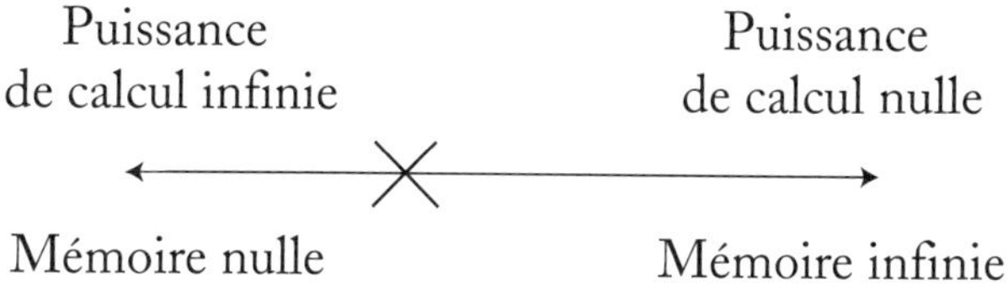


Il faut sortir de l'axe pour pouvoir juger de la meilleure manière de s'y situer.

L'arithmétique pourrait se situer à peu près n'importe où sur cet axe. Une multiplication, par exemple, peut aussi bien se faire en ayant étudié le mécanisme qu'en ayant appris par cœur toutes les tables. Si les deux chemins conduisent à la réponse, il n'en reste pas moins évident qu'il existe, pour un problème donné, un compromis précis qui utilise de manière optimale tout à la fois les possibilités du calcul et celles de la mémoire.

Les calculateurs prodiges exhibés périodiquement semblent approcher ainsi de la perfection, tout du moins pour le type de question qui leur est posé. Ils connaissent d'un côté tous les trucs de calcul mental rapide mais, d'un autre, ils apprennent par cœur, notamment toutes les décompositions en nombres premiers. Ils ont, sur la calculatrice du premier niveau, l'avantage du méta-regard qui leur a permis de sortir de l'axe et de trouver la combinaison optimale entre l'effort de calcul et l'effort de mémorisation.

Le mathématicien anglais George Boole a développé au XIXe siècle l'idée du système binaire comme méthode d'un calcul universel. Sa théorie n'a pourtant prouvé son utilité qu'un siècle plus tard avec l'avènement de l'ordinateur. Comme quoi, il est parfois utile de trouver sans savoir ce que l'on cherche.

En fait, calculer en mode binaire est la chose la plus simple qui soit, puisque seuls deux chiffres sont disponibles, le 0 et le 1. Dès qu'on arrive à 2, il faut déjà passer à autre chose, à la combinaison la plus petite des deux chiffres de base,

| | | | |
|---|---|---|---|
| donc.................................... | 2 | = | 10 en binaire |
| 3 ne pose aucun problème... | 3 | = | 10 + 1 = 11 |
| 4 nécessite l'utilisation d'un troisième chiffre.......... | 4 | = | 100 |
| et dans la logique (binaire).. | 5 | = | 101 |
| ............................................ | 6 | = | 110 |
| ............................................ | 7 | = | 111 |
| ............................................ | 8 | = | 1 000 |

etc.

Passons maintenant aux mécanismes de conversion.

### Du système décimal au système binaire

Il faut décomposer le nombre décimal en une somme de puissances de 2 (ce qui est, rassurez-vous, toujours possible). (♠)

Exemple : $43 = 32 + 8 + 2 + 1$

$= 2^5 + 2^3 + 2^1 + 2^0$

$= \mathbf{1} \times 2^5 + \mathbf{0} \times 2^4 + \mathbf{1} \times 2^3 + \mathbf{0} \times 2^2 + \mathbf{1} \times 2^1 + \mathbf{1} \times 2^0$

$= 101\,011$

### Du système binaire au système décimal

Il faut parcourir le chemin en sens inverse.

Exemple : $10\,101 = \mathbf{1} \times 2^4 + \mathbf{0} \times 2^3 + \mathbf{1} \times 2^2 + \mathbf{0} \times 2^1 + \mathbf{1} \times 2^0$

$= 1 \times 16 + 0 \times 8 + 1 \times 4 + 0 \times 2 + 1 \times 1$

$= 21$

Le rôle du 2 dans le système binaire apparaît clairement, même si, paradoxalement, ce chiffre n'y existe pas. Et comme c'est la plus petite base possible, l'arithmétique binaire a des particularités intéressantes. On peut par exemple prouver que pour additionner un nombre binaire à lui-même, il suffit de rajouter un 0 à sa droite.

| | | | | |
|---|---|---|---|---|
| Exemple : | 110 × 10 | = 110 + 110 | = 1 100 en binaire | |
| | (6 × 2 | = 6 + 6 | = 12 en décimal) | |

Si vous n'en trouvez pas la raison, examinez en système décimal ce qu'il advient d'un nombre quand vous le multipliez par dix…

# 17. FRACTAL

Quoi de plus éloigné de la nature que la géométrie d'Euclide ? À part la Lune et quelques cristaux, les formes régulières sont pratiquement absentes des paysages.

Les sciences naturelles connaissent peu les parallélépipèdes rectangles et autres triangles isocèles et l'inadéquation entre le modèle mathématique et la réalité peut expliquer des convictions parfois étonnantes. Les navigateurs de l'Antiquité croyaient ainsi la Sardaigne plus grande que la Sicile simplement parce qu'ils mettaient plus de temps pour en faire le tour…

Il y a certes peu d'ellipses et de cubes dans la nature, mais il faut néanmoins accepter la présence d'un autre type de géométrie dans une pomme de pin, dans la queue d'un lézard, ou encore dans un banc de corail.

Et même là où il n'y a pas de symétrie apparente, est-on vraiment dans le domaine du pur hasard ? Le profil d'une chaîne de montagne ou la ligne brisée d'un éclair qui déchire le ciel ne recèlent-ils pas, eux aussi, une logique mathématique, fût-elle inhabituelle ?

Un chercheur d'IBM, Benoît Mandelbrot, a voulu en savoir plus. Il a d'abord observé la présence dans la nature d'un grand nombre d'objets « self-similaires », c'est-à-dire qui offrent des similitudes, quelle que soit l'échelle à laquelle on les regarde. La centième partie d'un flocon de neige agrandie cent fois continue à ressembler à un flocon de neige. Un mètre de côte rocheuse peut facilement être confondu avec un ou cent kilomètres de la même côte en photo.

Il s'est ensuite posé la question de la « dimension » de certains objets.

Le contour du Grand Canyon – qui ressemble d'ailleurs à une surface de silicium observée à l'aide d'un microscope extrêmement puissant – est par exemple une longueur qui peut tendre vers l'infini si l'on veut additionner les moindres coins et recoins. Mais ce périmètre entoure une superficie indiscutablement finie.

La propriété d'être à la fois plus qu'une courbe et moins qu'un plan a amené Benoît Mandelbrot à créer la dimension « fractale » qui, contrairement aux dimensions habituelles (un pour la courbe et deux pour le plan), n'est plus ici un nombre entier. Cette deuxième propriété des objets self-similaires a été le point de départ de sa nouvelle réflexion mathématique.

Il y a en effet des analogies étonnantes. Nous avons vu en parlant de « convergence » que la somme infinie des termes d'une suite peut très bien être égale à un nombre fini.

Par exemple, $\frac{1}{2} + \frac{1}{4} + \frac{1}{8} + \frac{1}{16} + \ldots\ldots\ldots = 1.$

Alors, dans la nature, tout serait-il quand même « calcul », et Pythagore avait-il donc finalement raison quand il prétendait que les nombres représentaient la forme la plus pure et la plus élevée de la réalité ? Le saura-t-on jamais ?

Toujours est-il que les premiers pas sur ordinateur de la géométrie fractale sont fascinants. Si l'on fait correspondre à chaque point d'un plan un autre de coordonnées :

$$(x^2 - y^2 + a, 2xy + b) \ (\spadesuit)$$

et que l'on répète cette opération simple quelques milliards de fois, on est tout surpris de découvrir ce qui ressemble étonnamment à un nuage ou à une coquille d'escargot.

L'utilisation des nombres complexes ($z^2 + c$) facilite les choses mais n'est même pas indispensable. Le chercheur va de surprise en surprise en faisant varier les paramètres a, b et c.

Une chose est désormais certaine : des images très complexes peuvent être obtenues à partir d'itérations très simples. Une nouvelle preuve que le futur des mathématiques ne passe plus nécessairement par le calcul.

# 18. ATTRACTEUR

Si l'on prend deux nombres au hasard, 7 et 24 par exemple, et que l'on crée une suite où chaque terme est égal à la somme des deux précédents, soit :

7, 24, 31, 55, 86 …

il apparaît que le rapport entre deux nombres consécutifs tend vite vers le nombre d'or 1,618 vu au chapitre 1 de ce livre…

86/55 est déjà égal à 1,564 et une dizaine d'additions suffisent pour obtenir trois décimales exactes. Mais, ce qui est étonnant, c'est que le nombre d'or apparaît quels que soient les deux nombres de départ. (♠)

Cette suite dite de Fibonacci, du nom du mathématicien qui l'a étudiée le premier, évoque un phénomène d'attraction étrange, de convergence bizarre, qui conduit immanquablement du désordre de deux nombres quelconques à un ordre parfait, à la proportion idéale telle que découverte dans l'Antiquité.

Les propriétés des suites de Fibonacci – et surtout celles de son modèle de base 1, 1, 2, 3, 5, 8 – sont extrêmement nombreuses. Fibonacci lui-même prétendait y voir le rythme de croissance d'une population de lapins. D'autres pensent que cette suite correspond au nombre d'annonces possibles au bridge. La fleur de tournesol organiserait même ses pétales à la Fibonacci !

Cette idée de l'ordre issu du désordre, du hasard qui n'en est pas tout à fait un, a pris une ampleur nouvelle depuis quelques années, tout en tenant compte des limites propres à tout système. Pour reprendre l'idée de la prolifération des lapins, il est évident que la croissance se ralentit à un moment donné sous la pression de contraintes extérieures.

Dans un écosystème fini, un effet de régulation se produit qui détermine un seuil maximal pour la population animale. Une modélisation simplifiée à l'extrême de ce feed-back débouche elle aussi sur un phénomène d'attraction.

Le nombre x de lapins au début de l'observation est exprimé en pourcentage du maximum théorique.

x est donc compris entre 0 et 1. On peut alors admettre que la nourriture disponible à tout moment est proportionnelle à (1 – x). En d'autres mots, une population arrivée à son seuil maximum (x = 1) n'aurait plus rien à manger.

Si on accepte ce modèle élémentaire, la dynamique de croissance des lapins s'obtient alors par une boucle où x est remplacé à chaque étape par :

1,618 x (1 – x)

dans l'hypothèse d'un taux de fécondité égal au nombre d'or.

Il est alors intéressant d'observer comment, pour une situation de départ donnée, les choses de la vie ont tendance à évoluer.

Si x = 0,5, la boucle de régulation donne successivement :

0,5 0,405 0,390 0,385 0,383 0,382 …

Si x = 0,2, le feed-back donne alors :

0,2 0,259 0,310 0,346 0,366 0,376 0,380 …

Quelle que soit la densité de lapins à un moment donné, la modélisation l'attire étrangement vers une valeur identique, à 38 % du maximum théorique.

# 19. CHAOS

Les attracteurs étranges, ces trous noirs de l'univers des nombres, ne sont qu'un des phénomènes observés dans les modèles mathématiques des systèmes complexes. En généralisant la formule de la population de lapins, on obtient :

$$x_1 = P \times x_0 \times (1 - x_0)$$

qui est l'équation dite logistique où P est le coefficient de proportionnalité, $x_1$ le niveau de la population à un moment donné et $x_0$ celui de l'année précédente.

Le modèle est bien sûr une caricature de la réalité, mais cette formule a la particularité d'être la plus simple de toutes celles qui décrivent néanmoins une dynamique complexe.

Tout dépend du facteur P.

Si P est inférieur à 3 (comme dans le cas du nombre d'or), le système aura toujours tendance à se stabiliser autour d'une même valeur, quelles que soient les conditions initiales. Si P est inférieur à 1, cette valeur unique et stable est d'ailleurs 0 et correspond à l'extinction de l'espèce.

Si P est compris entre 3 et 3,45, le système se stabilise également, mais il oscille entre deux valeurs finales. Les deux attracteurs agissent comme des aimants qui se relaient.

Pour P = 3,2 par exemple, et à nouveau quelle que soit la population de départ, son niveau oscillera ainsi éternellement. Une année, elle sera d'environ 0,799, l'année suivante de 0,513, pour revenir ensuite à 0,799, etc.

Si P augmente encore, ainsi en va-t-il du nombre d'attracteurs qui se disputent la destination finale du système.

Mais si P dépasse 3,563 345 718 69… (♠), un phénomène surprenant se produit. Alors que le système est de toute évidence déterministe, il ne se stabilise pourtant pas. Aucune convergence n'apparaît, la boucle de régulation produit une suite infiniment chaotique.

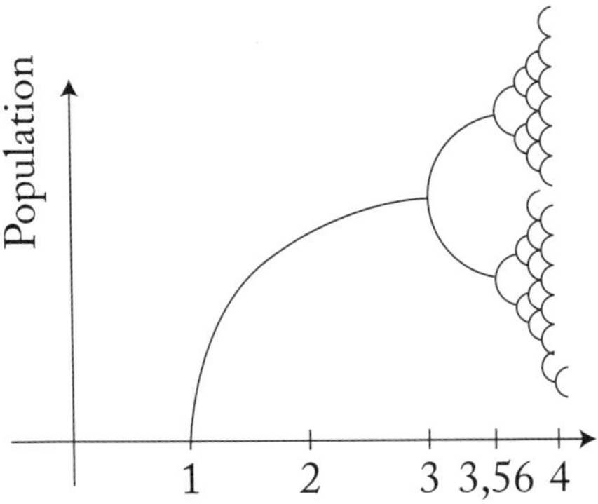


Chaos. Le mot est lâché. Mais est-il le bon ? Est-ce la réalité qui est imprévisible, ou plutôt sa perception ? Les mouvements irréguliers des planètes dans le ciel étaient aussi considérés comme chaotiques par les premiers astronomes. Jusqu'au jour où Kepler expliqua que ces déplacements supposés aléatoires résultaient en fait de la superposition d'ellipses bien régulières.

Le message reste valable aujourd'hui. Un mécanisme déterministe peut donner sous certains angles l'illusion du désordre, qui ne serait donc qu'une vue incomplète d'un ordre supérieur.

Face à la série « chaotique » de chiffres :

777 641 851 468 921 268

un observateur pourrait vite être convaincu de l'absence totale de logique. Ces nombres semblent avoir été tirés par hasard. Ce qui n'est pourtant pas le cas car ils résultent des étapes successives de l'équation logistique lorsqu'on prend P = 3,7 et $x_0$ = 0,3.

Il ne vous reste plus maintenant qu'à essayer P = 4 et $x_0$ = 0,5…

# 20. ARRONDI

2 + 2 = 4. Évidemment. L'expression mathématique est même devenue une expression littéraire qui exprime la vérité incontestable. Et pourtant, à y regarder de plus près, 2 + 2 vaut plus que 4.

En effet, 2 + 2, outre le résultat, contient également la manière d'y arriver. Alors que le 4, abandonné tout seul à son sort, ne sait plus d'où il vient. Est-il le résultat de 3 + 1 ou de 7 – 3, ou d'autre chose encore ?

Le calcul est un processus à sens unique, irréversible, qui perd une partie de son information en cours d'exécution. Cette dissipation du savoir est parfois amplifiée par l'utilisation de machines. Même avec une calculatrice de poche, il y a risque de perte d'information.

Prenons une simple division : 57 / 7. L'écran affiche 8,142… . Mais où est le reste de la division ? Une machine en plus, une information en moins !

La dégradation est encore plus frappante dans le cas d'un calcul aller-retour. Si on divise 1 par exemple par un nombre quelconque, et qu'on multiplie ensuite le résultat par ce même nombre, la logique des circuits voudrait qu'on obtienne toujours 1. Eh bien non, pas toujours.

On peut très bien avoir :

$$\frac{1}{N} \times N = 0{,}999999$$

Le coupable de cette erreur de calcul a un nom. Il s'appelle « problème d'arrondi ».

On dit de quelqu'un de conciliant qu'il arrondit les angles. Celui qui arrondit les chiffres, en revanche, aurait peut-être un effet contraire. C'est vrai qu'il est obligé de le faire car il n'y a jamais une place infinie à droite de la virgule.

Mais l'arrondi induit une poussière d'erreur qui peut tout à coup se révéler être la cause d'une bifurcation brutale de la logique mathématique.

Prenons par exemple les deux systèmes d'équations suivants :

(1) $x - y = 1$

$x - 1{,}00001 \times y = 0$

(2) $x - y = 1$

$x - 0{,}99999 \times y = 0$

(1) et (2) sont identiques à une lointaine décimale près. Et pourtant, leurs solutions sont presque antipodiques. En effet,

le système (1)

donne x = 100 001 et y = 100 000

mais le système (2)

donne x = – 99 999 et y = – 100 000 !

L'impact spectaculaire de différences infimes peut même être perçu sans le moindre calcul, comme l'illustre la manipulation suivante. Elle a pour nom « transformation du boulanger » par analogie avec la manière dont cet artisan triture sa pâte.

Prenons un carré que nous étirons de telle manière que sa longueur double et que sa hauteur diminue de moitié. Coupons ensuite en deux verticalement et reportons la partie droite au-dessus de celle de gauche.

La même opération peut être répétée un grand nombre de fois. Il est alors intéressant de suivre l'évolution de deux points au départ très proches l'un de l'autre. Pendant quelques étapes, ils voyageront de concert, et puis, tout à coup, leurs trajectoires divergeront très fortement. Pour une simple question d'arrondi.

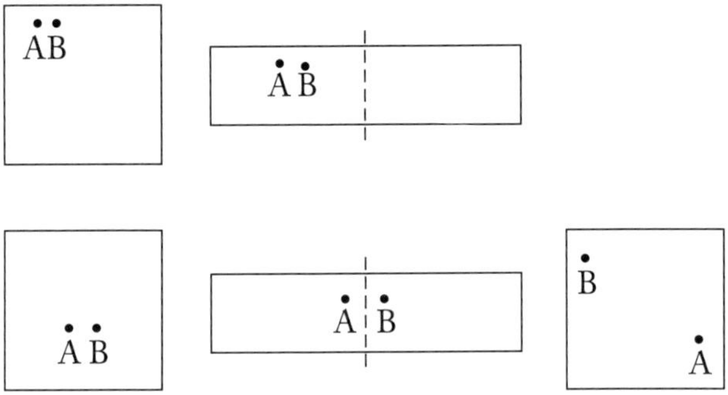
AB
A B
A B
A B
B
A

# 21. TIERS EXCLU

Depuis le début de ce livre, l'as de pique est utilisé pour remplacer de longs calculs qui ne sont pas vraiment nécessaires à la compréhension du concept présenté.

Le développement ci-dessous montre qu'il y a parfois moyen d'aller encore plus loin, que dans certaines situations aux mathématiques sophistiquées, même l'as de pique est superflu. Allons-y !

Un nombre est dit rationnel s'il peut s'écrire sous la forme d'une division de deux nombres entiers (2/3, 1/100…) et un nombre est dit irrationnel si ce n'est pas le cas ($\sqrt{2}$, $\pi$, $\sqrt{3}$ …).

Tâchons maintenant de prouver qu'il existe deux nombres irrationnels a et b tel que $a^b$ soit un nombre rationnel. Ce fut fait au XX^e siècle par de grands mathématiciens, mais reprendre leurs idées ici consommerait pas mal d'as de pique, ce que, précisément, nous ne voulons pas faire.

Essayons autre chose. Une première idée serait évidemment de trouver un exemple car la thèse serait instantanément démontrée. Prenons a et b égalent à $\sqrt{2}$. Il nous faudrait donc maintenant démontrer que $\sqrt{2}^{\sqrt{2}}$ est rationnel.

Eh bien non ! Pas besoin d'as de pique, pas besoin de savoir la nature de $\sqrt{2}^{\sqrt{2}}$ pour prouver le théorème ! Car dans les deux cas, nous trouvons un exemple qui valide la thèse annoncée :

– Soit $\sqrt{2}^{\sqrt{2}}$ est rationnel et le théorème est instantanément démontré, car il s'agit pratiquement de son énoncé.

– Soit $\sqrt{2}^{\sqrt{2}}$ est irrationnel. Mais si on l'élève une nouvelle fois à la puissance $\sqrt{2}$ le résultat est alors rationnel. En effet :

$$(\sqrt{2}^{\sqrt{2}})^{\sqrt{2}} = \sqrt{2}^{(\sqrt{2} \cdot \sqrt{2})} = \sqrt{2}^{2} = 2$$

Une remarque cependant : le théorème est démontré mais on ne sait toujours pas si $\sqrt{2}^{\sqrt{2}}$ est rationnel ou non ! Cette démonstration de type « par l'absurde » repose sur une hypothèse logique, appelée parfois principe ou loi : le « tiers exclu ». Il peut se dire de la façon suivante, par exemple : « Si deux propositions disent le contraire l'une de l'autre, l'une est vraie et l'autre est fausse. »

Autrement dit, les phrases « le mont Ventoux est en France » et « le mont Ventoux n'est pas en France » ne peuvent être toutes deux vraies, ou toutes deux fausses.

Ce qui semble évident, et qui a été accepté comme tel pendant vingt-cinq siècles, a été mis en miettes par la génération des logiciens du XX^e^ siècle. Car les propositions : « cette phrase contient sept mots » et « cette phrase ne contient pas sept mots » sont en effet toutes deux fausses !

Dernier point : même si vous l'ignoriez, la démonstration proposée ci-dessus repose sur une conception platonicienne des mathématiques.

Pour le philosophe grec, en effet, la rationalité (ou non) de $\sqrt{2}^{\sqrt{2}}$ est un fait en soi, peu importe que nous le sachions ou non, et la démonstration est valide même si la question de la rationalité était non tranchée par les axiomes. Pour les anti-platoniciens, au contraire, un nombre est rationnel ou irrationnel uniquement si on peut le démontrer.

Et tant que la question est en suspens, il n'est ni l'un ni l'autre.

Pour Platon, les objets mathématiques ont une réalité, même si celle-ci n'est pas matérielle. Vérité et démontrabilité sont pour lui deux choses différentes. Pour ses opposants, au contraire, n'est vrai que ce qui est démontrable.

En résumé, vous l'aurez compris, il faut choisir entre Platon et les as de pique…

# 22. INDUCTION

Le savant suisse Euler chercha longtemps une fonction capable de générer des nombres premiers. Il travailla longtemps sur la fonction $x^2 + x + 41$ qui a la propriété étonnante de donner des nombres premiers pour toutes les valeurs de x de 1 à 39. Pour x = 40, par contre…

Dans ce cas précis, Euler utilisa une idée première, une intuition, et tâcha de construire une loi mathématique, un concept. Partir de quelques exemples pratiques et espérer pouvoir construire la théoric cst la manière de penser que les philosophes appellent l'induction (l'autre étant la déduction, dont Euclide fut le premier grand partisan).

Il faut se méfier de l'induction… Pendant des milliers d'années par exemple, les habitants du bassin méditerranéen ont cru pouvoir induire une loi : « Tous les matins le soleil se lève à l'est. » Mais un jour, Pythéas traversa le cercle arctique et observa une nuit de plusieurs mois. Pour Karl Popper, Pythéas mérita ce jour-là le titre de savant car il prouva que quelque chose n'était pas vrai.

En mathématiques, le raisonnement par induction est souvent efficace, mais attention, car il y a toujours un Pythéas qui sommeille quelque part !

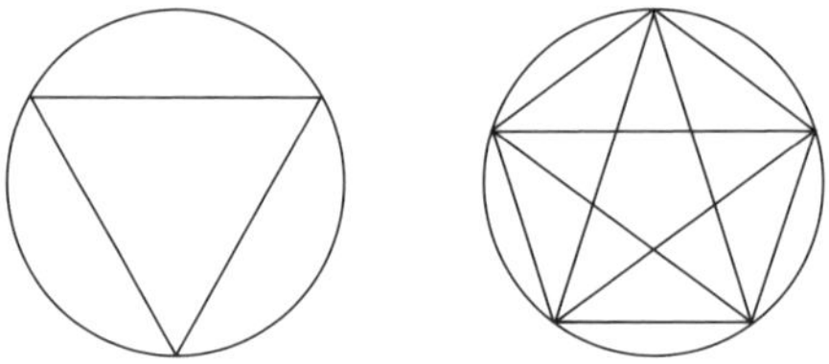

Prenons un disque et des points sur la circonférence. Si on relie tous les points entre eux par toutes les cordes possibles, cela coupe le disque en morceaux.

Cherchons la loi qui relie le nombre de points avec le nombre de parties. Avec un point, on a le disque entier. Deux points reliés donnent deux morceaux, trois sommets forment quatre morceaux. Un carré et ses diagonales délimitent huit pièces… Cela sent la progression géométrique et, effectivement, l'étoile qui apparaît inévitablement avec cinq points donne seize morceaux, apparemment tout aussi inévitables.

On a donc induit une loi… Eh bien non ! Car avec six points, on a trente et une pièces et non trente-deux !

Une petite déduction n'aurait pas fait de tort. Avec trente points, la loi induite ($2^n$) donnerait plus de 100 000 000 de régions différentes (alors qu'il y en a environ 28 000). (♠)

Si la chose vous amuse, vous pouvez induire une autre loi, celle du nombre maximum de morceaux d'un gâteau circulaire obtenu en fonction de coups de couteau rectilignes. Là aussi, les débuts sont prometteurs, et puis la théorie tombe en miettes…

Prouver une loi ou un théorème mathématique est un défi plus exigeant qu'une intuition de départ validée par quelques tests concluants.

Dommage. Vous conviendrez avec moi que, même si ce n'est pas une démonstration, l'approche immédiate du théorème de Pythagore de la figure page suivante a quelque chose de fascinant puisque les cinq morceaux du grand carré semblent provenir des deux autres carrés.

# 22. Induction

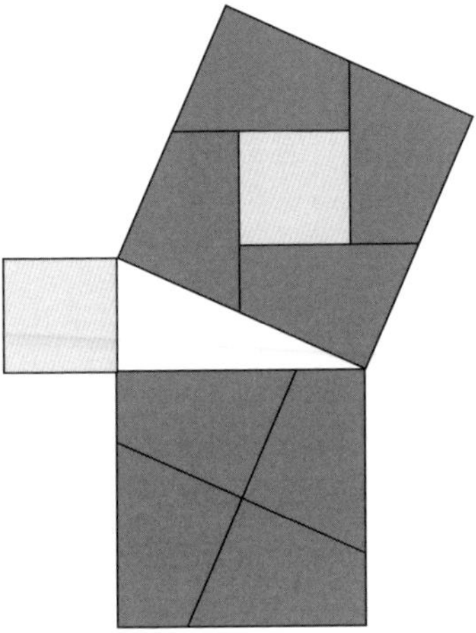

# 23. POINT DE VUE

Le RAND Corporation est probablement un des centres de recherche qui a joué le plus grand rôle sur la Terre depuis la Seconde Guerre mondiale. Un des problèmes favoris de ces scientifiques basés en Californie était le suivant.

Puisque, d'une part, une pièce de monnaie lancée en l'air n'a qu'une probabilité infime de retomber sur la tranche, mais puisque, d'autre part, un tube d'aspirine jeté dans les mêmes conditions n'a, lui, pratiquement aucune chance d'atterrir en équilibre sur une de ses faces, il doit donc exister – entre ces deux extrêmes – un cylindre d'une hauteur bien précise telle que la probabilité de chute soit exactement d'un tiers sur une des faces, d'un tiers sur l'autre, et d'un tiers sur le côté…

Détecter une nouvelle interrogation, chercher une question inédite, jouer au jeu des « et si… », imaginer une solution à un problème qui n'existe pas, réagir quand personne ne le demande, aller voir ailleurs si une idée n'y est pas... Le mathématicien a le choix des embarras.

Un argument paraît plaider pour une réinsertion des mathématiques dans tous les débats de pensée : elles peuvent être une superbe école de la créativité. À une époque où les mécanismes de réflexion sont menacés de routine ou même d'usure, à un moment où l'appel à l'imagination et aux nouvelles idées est reconnu par tous comme indispensable, ce livre veut entre autres rappeler que la créativité s'apprend, au même titre que le piano, les langues étrangères, le tennis ou la fiscalité. Et les chiffres, les figures géométriques, les petits exercices de logique, peuvent être un matériau de base particulièrement efficace pour mettre en évidence des mécanismes de pensée un peu paresseux, une réflexion un peu trop convergente, ou des travers chroniques dans le raisonnement.

Cette dimension s'oppose en cela totalement aux tests dits « d'intelligence » qui ne sont bien souvent que des tests de programmation, juste bon à vérifier les circuits logiques d'un microprocesseur.

Des centaines de livres existent qui présentent énigmes, puzzles, devinettes, casse-tête. Les mathématiques y deviennent presque une métaphore. Peu importe finalement que l'on trouve ou non la réponse à ce genre d'exercices, l'essentiel de l'enseignement se trouve dans l'observation de sa propre attitude face au problème :

– quel périmètre a-t-on défini pour la recherche ?

– quelles hypothèses de départ a-t-on prises, consciemment ou non ?

– une bonne réponse n'a-t-elle pas caché une autre bonne réponse ?

– de qui a-t-on reçu les idées reçues ? N'y avait-il pas une autre manière de poser la question ?

– a-t-on été influencé par la question précédente ?

– un petit dessin n'aurait-il pas mieux valu que… ?

– etc.

La créativité est souvent définie comme étant la révolution du regard. Les mathématiques sont alors un merveilleux instrument d'optique qu'il faut redécouvrir.

Car il y a tant de choses à voir.

« Il ne faut pas croire que les mathématiciens passent leur temps à faire des calculs. Sinon les ordinateurs nous auraient remplacés depuis longtemps. Dans notre activité, il y a de la place pour l'imagination, pour de la création. »

C'est Wendelin Werner, médaille Fields 2006, qui s'exprime ainsi.

Pouvez-vous calculer la valeur de l'expression $\sqrt{2+\sqrt{2+\sqrt{2+\sqrt{2+\ldots}}}}$ ?

L'habitude nous suggère d'attaquer le problème par la gauche. Mais parfois, l'escalade d'une question par la face gauche s'avère spécialement pénible. C'est alors l'occasion d'essayer le versant créatif, d'autant plus que le risque y est… sans danger.

Que constate-t-on ? Qu'une petite modification, comme le remplacement du dernier 2 par un autre chiffre, n'a pratiquement pas d'influence sur le résultat (d'autant plus qu'il n'y a pas de dernier 2 !). La substitution de ce 2 par un 4 n'a donc pas d'impact sur la réponse. Par contre, elle a un effet foudroyant sur la manière d'y arriver. Essayez, ce qu'il se passe ne vous fait-il pas penser à des dominos qui tombent les uns sur les autres, dans une réaction en chaîne ? Et la valeur de l'expression est 2.

Une autre démonstration consiste à remplacer l'expression par x et à l'élever au carré. On tombe alors sur $x^2 = 2 + x$. On voit que x peut valoir 2 ou −1 mais l'expression ne peut être que positive puisqu'il s'agit d'une racine carrée, donc x vaut 2.

Et si vous avez cinq minutes, cela vous amusera sans doute d'apprendre que $\sqrt{1 + \sqrt{1 + \sqrt{1 + \sqrt{1 + \ldots}}}}$ est égal au nombre d'or vu un peu plus haut.

Un autre joli exemple de créativité possible est celui du tournoi de tennis organisé par élimination directe et dont on demande le nombre de parties jouées – finale comprise – en fonction du nombre de joueurs inscrits.

La méthode lourde consiste à additionner : une finale, plus deux demi-finales, plus quatre…, etc., en n'oubliant pas les matchs de qualification, si le nombre de joueurs n'est pas une puissance de deux.

La méthode créative par contre est instantanée… Puisqu'un match élimine un joueur, le nombre de match est égal au nombre de joueur, moins un.

La créativité en mathématiques est le réflexe qui consiste à essayer de changer de méthode plutôt que de changer de machine.

# 24. ANALOGIE

L'analogie est une forme de raisonnement puissant. Ce n'est pas une simple comparaison où des éléments communs apparaissent dans des mondes parfois éloignés. Non, la pensée analogique implique nécessairement quatre éléments, elle met en présence deux rapports, elle est de type a/b = c/d comme par exemple :

$$\frac{\textit{humour}}{\textit{esprit}} = \frac{\textit{rire}}{\textit{corps}}$$

L'idée même de ce livre peut par exemple se mettre sous la forme :

$$\frac{\textit{grammaire}}{\textit{littérature}} = \frac{\textit{calcul}}{\textit{mathématiques}}$$

La pensée analogique peut se révéler extrêmement féconde en mathématiques, car elle permet parfois de calculer sans utiliser de chiffres. Des astuces ont été utilisées pour multiplier, diviser, et même résoudre des problèmes difficiles, sans pour autant faire intervenir les nombres.

Si, par exemple, il est demandé pour un nombre a donné de trouver son inverse, son carré et sa racine carrée, on peut procéder de la façon suivante (entre autres).

Inverser un nombre peut se faire en utilisant le célèbre théorème de Thalès sur les proportions. Si on coupe deux droites sécantes par deux droites parallèles, les proportions sont respectées entre les segments découpés. (♠)

Comme l'égalité suivante est toujours respectée :

$$\frac{1}{a} = \frac{1/a}{1}$$

la construction permet bien de calculer 1/a.

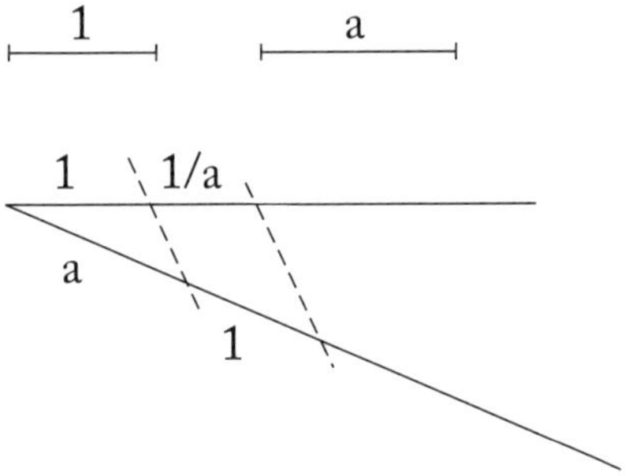

Élever un nombre au carré est rendu possible en utilisant le concept de puissance d'un point. À l'intérieur d'un cercle, les produits des segments d'une même droite déterminés par deux sécantes sont identiques. (♠) Si on circonscrit un triangle isocèle de base 2a et de hauteur 1, le quatrième segment ainsi déterminé aura bien pour longueur $a^2$.

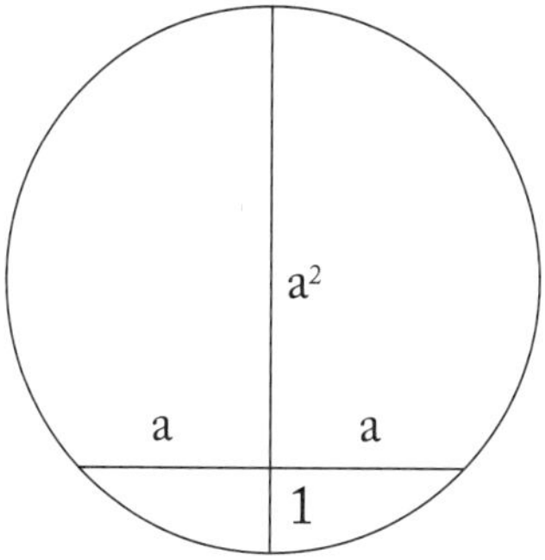


À l'inverse, on peut obtenir la racine carrée de a en construisant un cercle de diamètre (1 + a). La perpendiculaire coupe le cercle et détermine un segment de longueur $\sqrt{a}$. Puisque les deux triangles rectangles adjacents ainsi obtenus sont semblables, on a en effet :

$$\frac{1}{\sqrt{a}} = \frac{\sqrt{a}}{a}$$

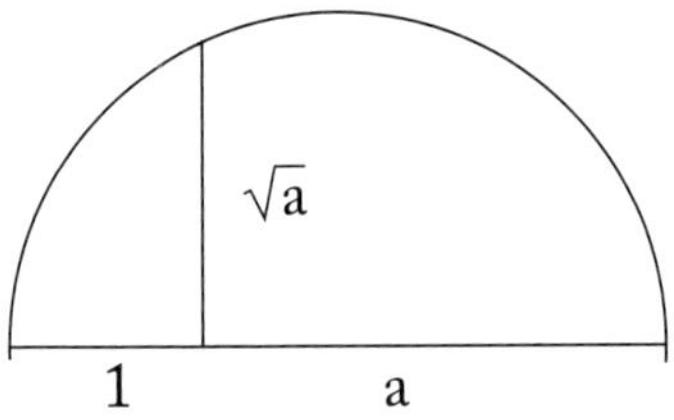
√a
1
a

# 25. CONJECTURE

Un nombre parfait est un nombre égal à la somme de ses diviseurs stricts. Par exemple :

6 = 1 + 2 + 3

28 = 1 + 2 + 4 + 7 + 14

496 = …

Il y a plus de deux mille ans, les Grecs connaissaient le moyen de produire des nombres parfaits pairs (dernière proposition du livre IX des *Éléments* d'Euclide). Mais existe-t-il un nombre parfait impair ?

Paradoxalement, personne n'a jamais pu en trouver un (même avec de très gros ordinateurs) et personne n'a pu démontrer l'impossibilité d'un tel nombre. On pense qu'il n'y en a pas : c'est une conjecture (sans doute la plus vieille des mathématiques), une thèse tout à la fois non démontrée mais jamais mise en défaut.

Une autre conjecture classique est l'œuvre de Goldbach : tout nombre pair peut être la somme de deux nombres premiers, par exemple 16 = 13 + 3.

Vouloir démontrer une conjecture est une démarche possible chez un mathématicien, à la poursuite de son intime conviction. C'est l'attitude d'un visionnaire qui ne voit au départ clairement que le but qu'il poursuit, à l'image des premiers Grecs convaincus de l'existence d'un rectangle parfaitement harmonieux.

Mais d'autres démarches se rencontrent. Certains mathématiciens s'épanouissent dans les travaux d'un ou plusieurs maîtres, théories qu'ils contribuent alors à faire évoluer plus loin encore. Ils généralisent un théorème ou trouvent des liens étonnants entre deux domaines existants. Certains enfin se comportent en aventuriers des équations inconnues, en explorateurs des théorèmes lointains. Pour la beauté de l'art mathématique et sans la moindre idée de ce qu'ils pourraient trouver.

Cela vous tente-t-il ? Voici un beau sujet. Prenez un nombre entier quelconque. S'il est impair, multipliez-le par 3 et ajoutez 1. S'il est pair, divisez-le par 2. Et recommencez. La conjecture de Syracuse affirme que, quel que soit le point de départ, vous finirez par un cycle permanent de 4, 2, 1, 4, 2, 1…

En voilà un autre. Prenons par exemple un nombre quelconque 2 744. Si on additionne ses chiffres 2 + 7 + 4 + 4, on trouve 17, et ensuite 1 + 7 = 8. En deux étapes, on arrive à un seul chiffre. Appelons ce nombre d'étapes le « rang du nombre » ? Quel pourrait être le lien entre un nombre et son rang ? Attention, le rang de 1 008 est 1, celui de 1 009 est 2 mais celui de 1 010 est à nouveau 1. Quelle pourrait alors être la loi de croissance du rang ?

Si cette exploration s'avère frustrante pour l'une ou l'autre raison, le mathématicien aventurier pourra toujours partir à l'assaut de la théorie équivalente pour la multiplication, et là, les accidents de parcours sont nombreux : quelle que soit la longueur d'un nombre, la présence d'un 5 et d'un chiffre pair entraîne une fin brutale, occasionnée par l'arrivée inévitable d'un zéro.

421 949 a ainsi un rang 3 puisque le produit des chiffres donne successivement :

2 592   180   0

Ce vingt-cinquième concept est le dernier. Et par définition, il ne contient pas d'as de pique.

# CQFM

La parabole est une figure de style qui consiste à raconter une histoire pour mieux faire percevoir un concept. Comme Jésus-Christ l'avait bien compris, un petit récit vaut souvent mieux qu'une description abstraite (Apollonius a d'ailleurs fait fort pour rapprocher mathématiques et culture car ses deux autres courbes, l'ellipse et l'hyperbole, sont aussi devenues des figures de style).

Parlons donc de la parabole en utilisant une parabole. Celle d'un cycliste qui allume son phare à la nuit tombante. Sait-il seulement que la forme de son phare se rapproche d'un paraboloïde ? Pas essentiel à son sport, direz-vous. Quoique. Si la lumière porte au loin, c'est que ses rayons sont presque parallèles, ce qui n'est rendu possible que par l'utilisation des propriétés de la parabole. (♠)

Et ce n'est pas tout, il peut avec son phare comprendre la manière dont Apollonius a expliqué ses trois courbes ! Si le faisceau lumineux pique vers le bas, la surface éclairée est une ellipse. Si le phare est déréglé et pointe vers le haut, c'est une hyperbole qui sera dessinée sur la route. Enfin, troisième cas, si la lumière émise se déplace parallèlement au sol, ce sera alors… une parabole ! Tout cela grâce à un simple cône. Lumineux, non ?

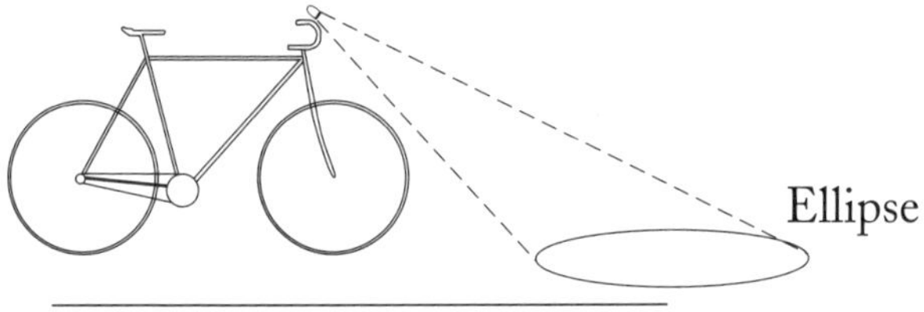


Dans le cas particulier où le cycliste voit un disque parfait, c'est qu'il est trop près du camion devant lui.

Une fois de plus, cette petite histoire ne démontre rien, elle montre tout simplement. Elle montre qu'un cône peut être coupé de trois manières différentes par un plan et donner autant de courbes intéressantes. Elle montre qu'un concept mathématique peut s'adresser autant aux yeux qu'au cerveau. Il faut voir les mathématiques pour bien les comprendre.

On peut donc expliquer Apollonius avec une lampe de poche et une feuille de papier.

D'ailleurs, avez-vous jamais mesuré les dimensions d'une feuille de papier A4 ? Elles sont de 21 et 29,7 cm. Bizarre, non ? Pourquoi pas 20 et 30, ne serait-ce pas plus facile ? Encore un coup des Américains ?

Eh bien non, ce qui est bien avec le format A4, c'est qu'il est « héréditaire », c'est-à-dire que l'on garde les mêmes proportions si on le double (A3) ou si on le divise par deux (A5). Autrement dit, quand on réduit à la photocopieuse, cela ne pose pas de problème, les proportions restent les mêmes. (Ce qui est vraiment bizarre, c'est que cela n'a pas l'air d'intéresser les Américains qui ont un autre standard.)

Sans grande surprise, pour toutes les feuilles qui respectent cette norme ISO 216, le rapport entre longueur et largeur est de 1,41, la racine de 2. Et si vraiment cela vous amuse, vous pourrez vérifier qu'une feuille de format A0, cerise sur la photocopieuse, fait exactement un mètre carré. (♠)

Cet exemple issu de la vie de tous les jours montre une dernière fois que l'on peut s'amuser avec les mathématiques, sans pour autant faire de calculs.

Même quand on n'a qu'une simple feuille blanche, et même quand on n'a pas de quoi écrire…

Depuis la première ligne de ce livre, nous sommes convaincus que c'est ce qu'il fallait montrer.

CQFM

# BIBLIOGRAPHIE

Avant toute chose ou toute référence, nous tenons à remercier les magazines *Tangente* et *Sciences Humaines*, ou plus exactement tous ceux qui contribuent à la qualité de ces publications remarquables.

*Le monde mathématique*, Bibliothèque Pour la Science, Paris, 1986.

*Les mathématiques aujourd'hui*, Bibliothèque Pour la Science, Paris, 1986.

*Les progrès des mathématiques*, Bibliothèque Pour la Science, Paris, 1981.

Beckman Petr, *A History of* π, St Martin's Press, New York, 1971.

Berlinski David, *A Tour of the Calculus*, Heinemann, Londres, 1995.

Davis Philip J., Hersh Reuben, *Descartes' Dream, The World According to Mathematics*, Houghton Mifflin Company, Boston, 1986.

Davis Philip J., Hersh Reuben, *The Mathematical Experience*, Penguin Books, Boston, 1980.

Delahaye Jean-Paul, *Jeux mathématiques et mathématiques des jeux*, Bibliothèque Pour la Science, Paris, 1998.

Devlin Keith, *Mathematics: The New Golden Age*, Penguin Books, Londres, 1988.

Devlin Keith, *The Language of Mathematics*, Freeman, New York, 1998.

De Guzman Miguel, *Aventures mathématiques*, Presses polytechniques et universitaires romandes, Barcelone, 1986.

Dunham William, *Journey Through Genius, The Great Theorems of Mathematics*, Wiley and Sons, New York, 1990.

Ekeland Ivar, *Le Calcul, l'Imprévu*, Éditions du Seuil, Paris, 1984.

I.R.E.M. Groupe Epistémologie et Histoire, *Mathématiques au fil des âges*, Gauthier-Villars, Paris, 1987.

Paulos John Allen, *Innumeracy, Mathematical Illiteracy and Its Consequences*, Hill and Wang, New York, 1988.

Resseguier Paul, *Les mathématiques du quotidien*, Vuibert, Paris, 1990.

Stewart Ian, *Les mathématiques*, Bibliothèque Pour la Science, Paris, 1989.

Composé par **Style Informatique**

Certifié PEFC

Ce produit est issu de forêts gérées durablement et de sources contrôlées.

PEFC 10-31-2007

pefc-france.org

Achevé d'imprimer : EMD S.A.S.

N° d'éditeur : 4352 - N° d'imprimeur : 25699

Dépôt légal : novembre 2011

*Imprimé en France*

*Cet ouvrage est imprimé - pour l'intérieur - sur papier Lys Galilée 140 g des papeteries M.REAL, dont les usines ont obtenu la certification environnementale ISO 14001 et opèrent conformément aux normes ECF et EMAS*